Angela Knocks-Münchberg

Schüßler-Salze für Hunde

Ulmer

Inhalt

Vorwort

Gott hat niemals eine Krankheit entstehen lassen,
für die er nicht auch eine Arznei geschaffen hat.
Philippus Theophrastus Paracelsus (1493–1541), deutscher Arzt und Reformator der Medizin

Lange Zeit sind naturheilkundliche Therapieverfahren von der Schulmedizin belächelt worden. Offensichtlich ist in Vergessenheit geraten, dass die heutige Medizin daraus gewachsen ist. Umso schöner ist es, zu beobachten, dass die Naturheilkunde sowohl in der Human- als auch in der Veterinärmedizin wieder ihren wohlverdienten Platz gefunden hat. Die Biochemie ist eine davon. Obwohl nach Dr. Schüßlers Ableben einige Ergänzungsmittel das Behandlungsspektrum dieses Therapieverfahren erweitert hat, hat es doch nichts von seiner Einfachheit verloren. Klare Indikationen, einfache Verabreichung und effektive Hilfe machen die Schüßler-Salz-Therapie auch für unseren vierbeinigen Gefährten zu einer echten Alternative.

An dieser Stelle sei darauf hingewiesen, dass dieses Buch auf keinen Fall einen Tierarzt oder Tierheilpraktiker ersetzt. Gerade bei schwerwiegenden Erkrankungen wie beispielsweise einer Nierenentzündung soll die alternative Behandlungsmethode mit den Schüßler-Salzen als Zusatz und Unterstützung angesehen werden und nicht als alleinige Therapie. Trotzdem hoffe ich, dass dieses kleine Büchlein Ihnen und Ihrem Hund in vielen Fällen ein nützlicher und hilfreicher Ratgeber bei der Schüßler-Salz-Therapie sein wird.

Angela Knocks-Münchberg
Walsrode

Einführung in die Behandlung mit den Schüßler-Salzen

▷ Wer war Dr. Schüßler?

Der Arzt Dr. med. Wilhelm Heinrich Schüßler (21.08.1821–30.03.1898) verdiente seinen Lebensunterhalt vorwiegend durch den Unterricht in Fremdsprachen. Er selbst beherrschte sieben Sprachen fließend. Ein älterer Bruder ermöglichte ihm durch finanzielle Unterstützung das Medizinstudium, ohne Abitur, an den Universitäten in Paris, Berlin, Gießen und einige Semester in Prag. Nach nur zweieinhalbjährigem Studium erwarb er bereits den Doktortitel. Doch bevor er das Staatsexamen ablegen konnte, musste Schüßler erst einmal das Abitur nachholen, welches er am Gymnasium in Oldenburg mit „sehr gut" bestand. 1857 erhielt Dr. Schüßler die Approbation als praktischer Arzt und ließ sich in Oldenburg nieder. In seinen ersten Jahren widmete er sich voll und ganz der Homöopathie. Obwohl er selbst einiges dazu veröffentlichte und so an der Verbreitung der Homöopathie mitwirkte, war er aber auch ein Kritiker derselben. Die Homöopathie umfasst einen sehr großen Schatz an Arzneien, Schüßler wollte lieber eine Therapie mit wenigen Mitteln konzipieren. Neue Erkenntnisse in der Medizin, Fortschritte auf dem physiologischen Gebiet und auch ein stärkeres Bewusstsein für die biochemischen Zusammenhänge kamen ihm da bei seinen jahrelangen praktischen Versuchen nach der „reduzierten Homöopathie" sehr entgegen. Am stärksten beeinflusst wurde Schüßler von dem deutschen Arzt Rudolf Virchow (1821–1902). Virchow vertrat eine deutlich naturwissenschaftlich orientierte Medizin und die bahnbrechende Anschauung, dass alles Leben und auch die krankmachenden Vorgänge an das Gewebe und somit an die Zellen gebunden sind. „Das Wesen der Krankheit ist die Krankheit der Zellen", ist ein Satz Virchows, welcher bis zum heutigen Tag nachwirkt.
Schüßler beschränkte sich bei seiner Therapie auf nur zwölf anorganische Stoffe, die physiologischen Funktionsmittel des Organismus. Er hatte die Überzeugung gewonnen, dass man mit diesen Mitteln auf dem kürzesten Weg zum Ziel gelangen könne. Es folgte der Entschluss, die Grundsätze seiner reduzierten homöopathischen Therapie bekannter zu machen. So erschien seine Broschüre „Eine abgekürzte Therapie, gegründet auf Histolo-

gie und Cellular-Pathologie", in der die Homöopathie nach Samuel Hahnemann schon keine Erwähnung mehr fand. Später erklärt Dr. Schüßler „mein Heilverfahren ist aber kein homöopathisches, denn es gründet sich nicht auf das Ähnlichkeitsprinzip, sondern auf die physiologisch-chemischen Vorgänge, welche im menschlichen Organismus sich vollziehen". Schüßler selbst bezeichnete sein Verfahren in den folgenden Jahren als „Biochemie", ein Ausdruck, der sich bis heute gehalten hat.

▷ Was sind Schüßler-Salze?

Dr. Schüßler entdeckte zwölf Mineralsalze, auch Basissalze genannt, welche die wesentlichen Vorgänge im Organismus steuern und regulieren. So tragen sie dazu bei, die Gesundheit zu erhalten beziehungsweise wiederherzustellen.

Die 12 Funktionssalze
Nr. 1 Calcium fluoratum
Nr. 2 Calcium phosphoricum
Nr. 3 Ferrum phosphoricum
Nr. 4 Kalium chloratum
Nr. 5 Kalium phosphoricum
Nr. 6 Kalium sulfuricum
Nr. 7 Magnesium phosphoricum
Nr. 8 Natrium chloratum
Nr. 9 Natrium phosphoricum
Nr. 10 Natrium sulfuricum
Nr. 11 Silicea
Nr. 12 Calcium sulfuricum

Die reguläre Tätigkeit der einzelnen Zelle ist abhängig von einem normalen Gehalt an anorganischen Salzen. Zu den Aufgaben einer Zelle zählen unter anderem die Aufnahme von Nährstoffen und die Nutzbarmachung der eigenen Energie durch Verstoffwechslung. Aber auch die Zellteilung, Wachstum und Entwicklung sowie die Reaktion auf Reize gehören dazu. Eine Abweichung, insbesondere ein Mangel an Nährsalzen, kann und wird somit als Ursache für Krankheit angesehen. Die biochemische Therapie besteht darin, ein Defizit an anorganischen Stoffen im Erkrankungsfall wiederherzustellen, somit kann sie als Regulationstherapie angesehen werden.

Nach Schüßlers Tod machten sich seine Nachfolger daran, nach weiteren Mineralsalzen zu suchen, welche sich für die Ausheilung von Erkrankungen als nützlich und hilfreich erwiesen. So wurde die Biochemie nach Schüßler um zwölf weitere Mittel ergänzt, den sogenannten Ergänzungssalzen, u.a. von Dieter Schöpfwinkel. Vor einiger Zeit wurden drei weitere Ergänzungssalze hinzugefügt, welche auch in diesem Buch ihre Anwendung finden.

▷ Wie wirken Schüßler-Salze?

Die Schüßler-Salz-Therapie basiert auf der Annahme, dass Krankheiten durch eine allgemeine Störung im Mineralhaushalt der Körperzellen entstehen und durch die Gabe homöopathisch potenzierter Mineralien geheilt werden können.
Dabei sind sie nicht mit herkömmlichen Mineralsalzen wie z.B. Magnesium zu vergleichen. Solche Mineralsalze sind rein stofflicher Natur und füllen ein Depot im Körper auf. Das ist sinnvoll, wenn ein erhöhter Bedarf an Mineralstoffen besteht, z.B. in der Turniersaison. Mit Schüßler-Salzen ist ein so erhöhter Bedarf nicht abzudecken, weil die Stoffe in dem Milchzucker als Trägersubstanz zu fein verteilt sind. Die Salze der Biochemie sind homöopathisch aufbereitet, also durch Verdünnung und Verreibung potenziert worden. Die Herstellungsweise wurde aus der Homöopathie übernommen. Bei der homöopathischen Herstellungstechnik kommt es auf gezielte Arzneireize an, welche das Heilbestreben des Körpers anregen oder unterstützen. Dafür sind nur kleinste Stoffmengen nötig. Die Schüßler-Salze erreichen so circa Molekülgröße und können die Zellmembran passieren. Die Potenzbezeichnung entstammt ebenfalls der Homöopathie und deutet auf eine bestimmte Stoffkonzentration hin. Für eine D1 wird ein Teil des Arzneistoffes mit neun Teilen Milchzucker verrieben. Wird nun ein Teil dieser Verdünnung wieder mit neun Teilen Trägersubstanz verrieben, so entsteht eine D2. Da die Verdünnung bzw. Verreibung in Zehnerschritten erfolgt, spricht man von einer Dezimalpotenzierung. Die Salze werden üblicherweise in der 6. oder 12. Dezimalpotenz angewendet, der Zusatz D6 oder D12 hinter dem Namen gibt somit die Potenz an. Dr. Schüßler hat für jedes Salz eine Regelpotenz genannt, welche bei den meisten die D6 ist und nur bei drei Salzen die D12. Abweichungen in diesem Buch von den Regelpotenzen entsprechen meiner persönlichen Erfahrung und haben sich bei den angegebenen Beschwerden als bewährt erwiesen. Die Funktionsmittel wirken auf unterschiedliche Weise. Zum einen haben sie einen Regulationseffekt, indem sie

die Mineralstoffverteilung im Körper wieder ins Gleichgewicht bringen. Zum anderen weisen sie einen Nährstoffeffekt auf, indem der Mineralstoffbedarf der Zelle durch kleinste Mengen ergänzt wird. Dadurch gelangen sie schnell in die Zellen, wo sie an den wichtigen Stoffwechsel- und Heilungsprozesses beteiligt sind.
Bei der Einnahme von Schüßler-Salzen sind bisher keine Nebenwirkungen festgestellt worden. Auch keinerlei Wechselwirkungen mit anderen Medikamenten, weswegen sich diese Therapie sehr gut mit anderen Verfahren kombinieren lässt.

▷ Wo bekomme ich die Salze?

Die Salze der Biochemie sind apothekenpflichtig und so in jeder Apotheke rezeptfrei erhältlich. Im Serviceteil dieses Buches finden Sie zudem weitere Bezugsquellen im Internet. Dort können Sie die Medikamente teilweise direkt bestellen.

Praxistipp
Über das Internet oder auch in gut sortierten Apotheken können Sie eine Taschenapotheke erwerben. In solch einem Etui ist Platz für 12 Gläschen, die Sie mit den Mitteln Ihrer Wahl befüllen können – praktisch für unterwegs, aber natürlich auch für zu Hause.

▷ Wie sollten die Salze aufbewahrt werden?

Sie sollten Ihre Schüßler-Salze gut verschlossen und trocken aufbewahren. Besonders gut eignet sich dafür ein Platz in Ihrer regulären Hausapotheke. Das Arzneimittelgesetz schreibt ein Mindesthaltbarkeitsdatum vor, bei den Schüßler-Salzen sind das fünf Jahre. Bei sachgemäßer Lagerung sind sie jedoch auch weit über diese Zeit hinaus haltbar und vor allen Dingen auch wirksam.

▷ Wie werden die Salze dosiert?

Bei der Dosierung unterscheidet man zwischen akuten und chronischen Erkrankungen.

Akute Beschwerden zeichnen sich durch plötzlich auftretende und meist heftige Symptome aus, z.B. eine Prellung oder eine Ohrentzündung. In diesem Fall ist eine schnelle Unterstützung des Körpers bei seinem Heilbestreben erwünscht. Am besten funktioniert das, wenn man alle 15 Minuten eine Dosis verabreicht und wenn man gleich bei den ersten Anzeichen einer Erkrankung beginnt. Im Idealfall klingen dann bereits schon nach ein bis zwei Stunden die Beschwerden ab, dann kann auch der zeitliche Abstand zwischen den Verabreichungen vergrößert werden. Zunächst stündlich, dann zweistündlich, bis hin zu sechs- bzw. dreimal täglich eine Dosis. Diese Gabe so lange, bis Beschwerdefreiheit eintritt.

Körpertemperatur des gesunden Hundes*
Kleine Hunde/Welpen 38,5 bis 39,5 °C
Große Hunde 37,5 bis 39,0 °C
* in Ruhe gemessen

Welpen:
Alle ein bis zwei Stunden eine Tablette in etwas Wasser auflösen und den Brei auf die Innenseite der Lefze aufstreichen.

Junghunde und erwachsene Tiere:
Wie bei den Welpen oben beschrieben, mit einer Gabe alle 15 Minuten beginnend.

Chronische Erkrankungen entstehen über einen längeren Zeitraum oder als Folge einer nicht ausgeheilten akuten Erkrankung, beispielsweise eine Magenschleimhautentzündung. Die Gaben erfolgen so lange, bis Beschwerdefreiheit eintritt.

Welpen:
Zwei- bis viermal täglich eine Tablette in etwas Wasser auflösen und den Brei auf die Innenseite der Lefze aufstreichen.

Junghunde und erwachsene Tiere kleiner und mittelgroßer Rassen:
Drei- bis sechsmal täglich jeweils eine Tablette am Tag.

Junghunde und erwachsene Tiere großer Rassen:
Drei- bis sechsmal täglich jeweils zwei Tabletten am Tag.

▷ Wie wähle ich das richtige Mittel aus?

Wie bei fast allen naturheilkundlichen Verfahren, so ist auch in der Biochemie ein genaues Beobachten und Einordnen der Beschwerden für eine effektive Behandlungsauswahl von Nöten.
Bei Unsicherheit bezüglich der Diagnosefindung wenden Sie sich bitte an Ihren Tierarzt oder Tierheilpraktiker.

▷ Wie verabreiche ich die Arznei meinem Hund?

Schüßler-Salze werden in unterschiedlichen Darreichungsformen angeboten: Pulver, Globuli (Streukügelchen), Tropfen, Tabletten und Salben.
Grundsätzlich gilt für alle Darreichungsformen, dass Schüßler-Salze am schnellsten und effektivsten wirken, wenn sie direkt über die Maulschleimhaut aufgenommen werden.
Pulver mag die wirtschaftlichste Variante sein, allerdings lässt es sich beim Hund schwer innerlich verabreichen, außer vielleicht über das Futter. Problematisch bei dieser Methode ist aber zum einen, dass die direkte Aufnahme des Wirkstoffes über die Maulschleimhaut so nicht gegeben ist. Zum anderen ergibt sich aus dem Beschwerdebild eine weitere Schwierigkeit: Ein Hund mit z.B. einer Magenverstimmung wird möglicherweise einen verringerten bis gar keinen Appetit haben. Die regelmäßige und erst recht eine häufige Einnahme der Arznei ist damit kaum zu gewährleisten.
Für Breiumschläge lässt sich das Pulver allerdings sehr gut verwenden, da hier das Zerkleinern der Tabletten entfällt. Sollten Sie eine Vorliebe für die Verabreichung von Schüßler-Salzen als Pulver entwickeln, dann entspricht ½–1 Teelöffel (aus Plastik, bitte kein Metall) einer Tablette.
Globuli sind kleine Zuckerkügelchen. Sie lassen sich in der Regel gut in die Lefzentasche einbringen und lösen sich dort auf. Allerdings gibt es den einen oder anderen Hund, dem sie aus dem Maul wieder „herauskullern“ bzw. der sie wieder ausspuckt. Zudem ist auch für unsere Hunde eine größere Menge an Zucker schlecht für die Zahngesundheit. Allerdings enthalten die Streukügelchen weder Alkohol noch Milchzucker und stellen somit für einige Tiere eine gute Alternative dar. Sollte sich für Sie die Verabreichung von Globuli als vorteilhaft erwiesen haben, dann entsprechen 5 Streukügelchen einer Tablette.
Tropfen ermöglichen den Einsatz der Schüßler-Salze ohne Zucker bzw. Milchzucker. Sie sind dafür allerdings mit Alkohol versetzt, um sie haltbar

zu machen. Tropfen sind daher bei Tieren nicht uneingeschränkt empfehlenswert. Sollten Sie dazu eine andere Einstellung haben, dann entsprechen fünf Tropfen einer Tablette.

Praxistipp
Geben Sie die Dosis auf einen Plastiklöffel und lassen ihn vor der Gabe längere Zeit (am besten über Nacht) offen liegen, bis sich der Alkohol verflüchtigt hat.

Tabletten sind die häufigste Zubereitungsform der Schüßler-Salze. Dr. Schüßler selbst wendete seine Biochemie in Tablettenform an. In der Regel soll die Tablette auf der Zunge zergehen, also nicht sofort geschluckt werden. Das erweist sich beim Hund als schwierig. Hier kann man sich mit einem kleinen Trick behelfen: Die Tabletten lassen sich sehr gut zerbröseln, dann die Fingerkuppe etwas anfeuchten, die pulverisierten Tabletten damit aufnehmen und den auf diese Weise entstandenen Brei direkt in die Lefzentasche einstreichen. Alternativ kann man die Tabletten auch in eine Spritze (ohne Kanüle) geben, mit etwas Wasser auffüllen, darin so auflösen und dem Hund direkt ins Maul verabreichen. Es kann nichts herausfallen oder wieder ausgespuckt werden und wird sofort von der Schleimhaut aufgenommen. Durch den Milchzucker sind die Tabletten leicht süßlich und werden in der Regel von den Tieren gerne angenommen. Allerdings soll nicht verschwiegen werden, dass Milchzucker, in größeren Mengen eingenommen, bei dem Hund durch eine eventuelle Milchzuckerunverträglichkeit zu Durchfall führen kann. In diesem Fall bieten Globuli eine Alternative.

Wichtig
Die in diesem Buch angegebenen Dosierungen beziehen sich auf die Verabreichung von Tabletten.

Salben finden ausschließlich in der äußerlichen Anwendung ihren Platz.

Umrechnung
1 Tablette entspricht:

Pulver	½–1 Teelöffel
Globuli	5 Stück
Tropfen	5 Stück

Die 27 Schüßler-Salze auf einen Blick

Im Folgenden können Sie sich einen Überblick darüber verschaffen, wie die einzelnen Schüßler-Salze im Körper Ihres Hundes wirken und bei welchen Krankheiten bzw. Symptomen sie eingesetzt werden.

Die 12 Funktionssalze

▷ Nr. 1 Calcium fluoratum

(Flussspat)

Calcium fluoratum kommt im Zahnschmelz und in den Knochen vor, entlastet den Blutkreislauf und stärkt die kleineren Gefäße.

Allgemein: Kälteempfindlichkeit, Abmagerung trotz guten Appetits.

Verhalten: Verminderte Konzentrationsfähigkeit und Arbeitslust; innere Unruhe, ängstlich, furchtsam, Gereiztheit. Besserung der geistigen Konzentrationsfähigkeit durch Essen.

Atmungsorgane: Krampfhafter Husten, der sich durch Aushusten von Schleim bessert; Krämpfe im Kehlkopfbereich, Beengungsgefühl in der Halsgegend.

Verdauungsorgane: Gesteigertes Hungergefühl und Appetit mit Ausbleiben des Sättigungsgefühls; Abmagerung trotz guten Appetits; Bauchschmerzen ca. zwei Stunden nach Futteraufnahme, welche sich durch Essen bessern; fette Nahrung verursacht Durchfall; Brennen und Jucken im Analbereich; Feuchtigkeit und Nässe am Anus mit Ausschlägen.

Wichtig

Das Ausbleiben des Sättigungsgefühls ist bei einigen Hunden rassetypisch, z.B. Labrador. Ebenso gibt es nach wie vor Futtermittel, die absichtlich ein Sättigungsgefühl außen vor lassen. Beide Fälle entsprechen nicht der hier beschriebenen Symptomatik und sollten nicht zur Mittelwahl herangezogen werden.

Geschlechtsorgane, Rüden: Erloschene Libido.

Geschlechtsorgane, Hündin: Verstärkte Läufigkeit; milchiger Ausfluss, welcher gelegentlich verstärkt milchig gelb auftreten kann.

Bewegungsapparat: Muskel- und Gelenkschmerzen, welche sich durch Kälte, Wetterwechsel und Zugluft verschlechtern und durch Wärme bessern.
Haut: Entzündungen der Haut in sämtlichen Erscheinungsformen, überwiegend jedoch nässender Ausschlag. Die Ausschläge befinden sich um die Körperöffnungen. Jucken der Haut mit Verschlimmerung durch Wärme. Juckreiz von alten Narben.
Anwendungsgebiete: Chronische Kehlkopfentzündungen; Arthrose; Muskelhartspann; Schuppenflechte; harte Warzen.
Besonderheit: Calcium fluoratum macht Hartes weich und Weiches fest.

▷ Nr. 2 Calcium phosphoricum
(Kalziumphosphat)

Calcium phosphoricum wirkt auf die Zellmembranen und ist an der Eiweißbildung beteiligt. Es bildet vorwiegend die harte Knochenmasse, kommt aber auch in allen Zellen vor.
Allgemein: Verschlechterung durch Ruhe und Wärme, Besserung durch Bewegung und Kühle. Häufig zartgliedriger Körperbau.
Verhalten: Schreckhaft, ängstlich, furchtsam; Abneigung gegen jede Form von Arbeit.
Atmungsorgane: Husten; Lungenleiden; fließender Nasenausfluss bei Kühle, Stockschnupfen bei Wärme.
Verdauungsorgane: Fehlender Appetit; Verlangen nach Fett, Fleisch, Salzigem, Unverdaulichem. Blähungen, Durchfall nach kalten Getränken; grüne, unverdaute Durchfälle; Schleim beim Kotabsatz.
Geschlechtsorgane: Die Libido kann sowohl vermehrt als auch herabgesetzt sein. Bei Hündinnen setzt die Läufigkeit zu früh ein. Es kann zu eiweißartigem Ausfluss kommen.
Bewegungsapparat: Bei allen Knochenerkrankungen, auch bei schlecht heilenden Knochenbrüchen. Rheumatismus im Halswirbelsäulenbereich und Nackensteifigkeit, welche bereits durch leichten Luftzug hervorgerufen wird.
Haut: Eiweißartige Absonderungen; Schuppen; Flechte.
Anwendungsgebiete: Nervosität; Erschöpfung nach Krankheiten; Zahnungsphase; Knochenbrüche; Knochenerkrankungen; Muskelkrämpfe; Beschwerden in der Wirbelsäule.
Besonderheit: Calcium phosphoricum regeneriert den Körper und ist angezeigt, wenn sich die Beschwerden in Ruhe oder nachts verschlimmern. Da es sich hierbei um ein sehr langsam wirkendes Mittel handelt, sollte es über einen längeren Zeitraum verabreicht werden.

▷ Nr. 3 Ferrum phosphoricum (Eisenphosphat)

Ferrum phosphoricum hat eine weitreichende Bedeutung im Organismus. Eisen ist ein unentbehrlicher Bestandteil des roten Blutfarbstoffes. Aber es befindet sich auch in allen Zellen und ist an diversen enzymatischen Vorgängen beteiligt. Zudem übernimmt es eine wichtige Funktion in der Infektabwehr.

Allgemein: Abmagerung und auffällige Erschöpfung. Bei allen fieberhaften und entzündlichen Prozessen sowie plötzlich auftretende Erkrankungen.

Verhalten: Nervös, unruhig, ängstlich, überempfindlich.

Atmungsorgane: Trockener Husten, anhaltender Reizhusten; Bronchitis; Lungenreizungen.

Verdauungsorgane: Entzündungen der Magen- und Darmschleimhaut; Verstopfungen und beginnender Durchfall.

Harnapparat: Unwillkürlicher Harnabgang.

Bewegungsapparat: Muskelzerrungen; Prellungen; akute Sehnenentzündungen; Stauchungen.

Haut: Entzündungen und rote Pickelchen.

Anwendungsgebiete: Allgemeine Erschöpfung, geschwächtes Abwehrsystem. Generelle Entzündungsneigung und bei allen Entzündungen im Körper, insbesondere Mittelohrentzündung, Hautentzündungen im Anfangsstadium, fieberhafte Infekte, Wundheilungsstörungen. Vorbeugend zur Steigerung der Widerstandskraft.

Besonderheiten: Ferrum phosphoricum passt zu allen Krankheitsbildern, die mit Rötung einhergehen. Alle Beschwerden verschlimmern sich nachts, in Bewegung und durch Wärme. Besserung entsteht durch Kühle und Ruhe. Es ist ein Mittel für alle entzündlichen und fieberhaften Vorgänge im Anfangsstadium (1. Entzündungsstadium).

▷ Nr. 4 Kalium chloratum (Kaliumchlorid)

Kalium chloratum ist Bestandteil jeder Zelle, insbesondere der roten Blutkörperchen. Es hat eine anregende Wirkung auf den Stoffwechsel, beim Eiweißaufbau und in der Kohlenhydratverwertung.

Allgemein: Es spielt eine wichtige Rolle bei Entzündungen verschiedener Organe und Schleimhäute, wenn diese zähflüssige, fibrinöse Absonderungen aufweisen. Eine fibrinöse Entzündung ist gekennzeichnet durch einen massiven Austritt von Blutplasma. Bei einer Entzündung, die nach Kalium chloratum verlangt, kann es aber auch zu einer weißen, gräulich weißen oder schleimig weißen Bildung kommen, z.B. als weißgraue Schuppen auf der Haut.

Atmungsorgane: Entzündungen der Bronchien mit dickem, schleimigem, weißem Auswurf. Lungenentzündung; Anschwellen der Lymphknoten im Achselbereich.

Verdauungsorgane: Fettunverträglichkeit; Magen-Darmschleimhaut-Entzündung; Übersäuerung des Magens.

Geschlechtsorgane/Harnapparat: Ausfluss von nicht reizendem Schleim. Akute und chronische Blasenentzündung; Nierenschwäche, Nierenbeckenentzündung.

Bewegungsapparat: Schleimbeutelentzündung; rheumatische Entzündungen von Gelenken und Muskeln; Sehnen- und Sehnenscheidentzündung.

Haut: Mehlartige Beläge; weißgraue Schuppen; entzündliche Hautschwellungen.

Anwendungsgebiete: Entzündungen der Schleimhäute; Erkältungskrankheiten; chronische Bronchialschleimhautentzündung; Husten bei Bronchitis.

Besonderheiten: Kalium chloratum zeigt Verschlechterung in der Kälte, bei Bewegung, bei Aufregung, Ärger oder den Genuss fetter Speisen. Besserung tritt durch mäßige Bewegung und Wärme ein. Es ist das Mittel für fortgeschrittene Entzündungen (2. Entzündungsstadium).

▷ Nr. 5 Kalium phosphoricum

(Kaliumphosphat)

Kalium phosphoricum ist besonders wichtig für die Blutflüssigkeit, die roten Blutkörperchen, das Gewebe, für die Gehirn-, Nerven- und Muskelzellen. Stoffwechselaktive Zellen werden unterstützt und es gilt als Energielieferant.

Allgemein: Es spielt eine bedeutende Rolle bei akuten und chronischen Krankheiten sowie Erschöpfungszuständen. Ein Hauptmittel für das Nervensystem.

Verhalten: Nervös, ängstlich, überreizt, schlechtes Merkvermögen. Geistige Überanstrengung und Erschöpfung.

Atmungsorgane: Nervöses Asthma.

Verdauungsorgane: Nervöse Durchfälle; Verlangen nach kalten Getränken, sauren Speisen; Dickdarmentzündung; Blähungen aufgrund Fäulnisprozesse im Darm.

Geschlechtsorgane/Harnapparat: Nervöse Blasenschwäche.

Bewegungsapparat: Muskelschwäche; Lähmungen; Rückenschmerzen.

Haut: Hartnäckige Entzündungen und Geschwüre; umschriebener Haarausfall (kreisrunder Haarausfall).

Anwendungsgebiete: Allgemeine Schwäche; Aufmerksamkeitsstörung; Herzmuskelschwäche und Herzrhythmusstörung; Neuralgien; Krämpfe; Erschöpfungszustände.

Besonderheiten: Kalium phosphoricum bringt Verschlechterung am Morgen mit, bei Anstrengung, insbesondere bei geistiger Tätigkeit. Besserung tritt in Ruhe und bei mäßiger Bewegung ein.

▷ Nr. 6 Kalium sulfuricum

(Kaliumsulfat)

Kalium sulfuricum befindet sich in der Oberhaut, in der oberen Schicht der Schleimhäute, in den Knochen, Knorpeln und Nägeln und in allen Zellen, welche Eisen enthalten. Das Eisen unterstützt das Kaliumsulfat bei der Sauerstoffübertragung in den Zellen und aktiviert somit den Zellstoffwechsel.

Allgemein: Unterstützt die zellulären Entgiftungs- und Ausscheidungsvorgänge, fördert den Abbau von Stoffwechselendprodukten. Bei allen Krankheiten, die nicht richtig herauskommen wollen.

Verhalten: Ängstlich, Traurigkeit, weinerlich.

Atmungsorgane: Husten mit deutlichem Rasselgeräusch und reichlich schwer löslichem, meist gelblichen Auswurf; Kehlkopf-, Rachen-, Bronchialentzündung, chronische Bronchitis.

Verdauungsorgane: Verlangen nach kalten Getränken und Speisen. Magenentzündung, chronische Magen-Darmschleimhaut-Entzündung; Leberfunktionsschwäche, unterstützend bei Lebererkrankungen.

Geschlechtsorgane/Harnapparat: Dicker, milchiger, gelblicher Ausfluss; Nierenentzündung; chronische Blasenentzündung.

Bewegungsapparat: Arthrose; Gelenkentzündung, einhergehend mit wandernden, rheumatischen Schmerzen.

Haut: Generelle Störung des Krallen- und Haarwachstums; chronischer Hautausschlag; Hautabschuppungen; Ausschlag mit Schuppenbildung.

Anwendungsgebiete: Bei allen chronischen Entzündungen; chronisch, eitrigen Schleimhautentzündungen; chronischer Bindehautentzündung.

Besonderheiten: Kalium sulfuricum ist bei Beschwerden, vorzugsweise Schmerzen angezeigt, welche sich in geschlossenen, warmen Räumen und gegen Abend verschlimmern. Frische Luft und im Freien stellt sich Besserung ein. Es ist ein Mittel für Entzündungen mit schleimig gelben Absonderungen (3. Entzündungsstadium).

▷ Nr. 7 Magnesium phosphoricum (Magnesiumphosphat)

Magnesium phosphoricum kommt im Skelett, im Muskelsystem, in den Nerven, im Gehirn und Rückenmark, in den roten Blutkörperchen, der Leber und der Schilddrüse vor. Es ist an vielen enzymatischen Prozessen beteiligt und wirkt antiallergisch. Zudem hat es Einfluss auf die nervlich-muskuläre Erregbarkeit des Herzens und senkt den Cholesterinspiegel im Blut.

Allgemein: Aufgrund seiner großen Bedeutung für Muskeln und Nerven gilt es als das Mittel für alle Krampf- und Schmerzzuständen mit plötzlich einschießendem Charakter.

Verhalten: Ängstlich, depressiv, geistige Arbeit fällt schwer; Schlafstörungen mit Aufwachen gegen drei Uhr morgens, Schläfrigkeit und Müdigkeit tagsüber; Erregung und Unruhe.

Atmungsorgane: Krampfhusten; Kitzel- und Reizhusten; Bronchialkrämpfe (ähnlich dem Asthma).

Verdauungsorgane: Koliken von Magen, Darm und Gallenwege; Blähungskoliken; Durchfall bzw. Verstopfung im Rahmen nervöser Verdauungsstörung; Bauchkrämpfe; Berührungsempfindlichkeit der Magengegend; Schluckauf; Übelkeit; Erbrechen.

Geschlechtsorgane/Harnapparat: Schmerzhafter Harndrang; Unterleibskrämpfe während der Läufigkeit.

Bewegungsapparat: Schmerz und Berührungsempfindlichkeit der Wirbelsäule; Gelenk-, Muskel- und Nervenschmerzen; Muskelhartspann, einschießende Neuralgien; spastische Lähmung.

Haut: Juckreiz; sensible, schmerzende Haut.

Anwendungsgebiete: Gegen Krämpfe aller Art; Koliken und Schmerzen; Neuralgien in allen Körperregionen.

Besonderheiten: Magnesium phosphoricum hat eine Verschlimmerung aller Beschwerden durch Kälte. Wärme und (Gegen-)Druck bringt Linderung.

▷ Nr. 8 Natrium chloratum

(Natrium chlorid/Kochsalz)

Natrium chloratum kommt in allen Geweben und Körperflüssigkeiten vor. Es fördert den Nährstrom und reguliert den Wasserhaushalt.

Allgemein: Einfluss auf den Flüssigkeits- und Wärmehaushalt sowie einen Bezug zu den Schleimhäuten, den Ausscheidungsorganen und nicht durchblutetes Gewebe wie z.B. Bandscheiben oder Knorpel. Tiere, die nach diesem Mittel verlangen, zeigen große Schwäche mit Zittern, Abmagerung, Muskelschwund und Kräfteverlust.

Verhalten: Stimmungslabil, gereizt, Zaghaftigkeit, ärgerlich; nach anfänglicher Hyperaktivität Wechsel zu leichter Erschöpfung, bis hin zur Müdigkeit und Schlaffheit.

Atmungsorgane: Mäßiger trockener Schnupfen; unwillkürlicher Harnabgang beim Husten; Trockenheit im Maul- und Rachenraum.

Verdauungsorgane: Magen-Darm-Entzündung mit morgendlichem, wässrigem Durchfall; großer Durst; trotz Heißhunger Abmagerung; nach dem Fressen große Müdigkeit und Schläfrigkeit; wässrig schleimiges Erbrechen; Verstopfung mit trocken aussehendem Kotabsatz.

Geschlechtsorgane/Harnapparat: Harnabsatz in Gegenwart anderer unmöglich; klebrige, eitrige Absonderungen aus der Harnröhre.
Hündinnen bekommen ihre Läufigkeit zu spät und zu spärlich. Sie zeigen eine Abneigung gegen den Deckakt.
Rüden haben eine verminderte Libido, zeigen unfreiwilligen Samenabgang und sind länger andauernd nach dem Deckakt verstimmt.

Bewegungsapparat: Bandscheiben- und Knorpelschäden; Rückenschmerzen mit dem Bedürfnis auf festem Untergrund zu liegen; Gelenkbeschwerden durch verminderte Bildung der Gelenkschmiere.

Haut: Die Haut ist trocken und rissig; nässender Hautausschlag; Bläschen mit wässrigem Inhalt; Schuppenbildung besonders im Kopfbereich; Hautschwellungen (Ödeme).

Anwendungsgebiete: Zu geringe Schleimabsonderung; zur Regulation des Wasserhaushaltes.

Besonderheiten: Natrium chloratum bringt eine Beschwerdenverschlimmerung am Morgen und in den Vormittagsstunden mit sowie bei feuchtkühlem Wetter und geistige Überanstrengung. Kühle, frische oder auch trockene, warme Luft bringt Besserung.

▷ Nr. 9 Natrium phosphoricum

(Natriumphosphat)

Natrium phosphoricum ist im Organismus weit verbreitet. Es kommt in den Gehirnzellen, den Nerven, aber auch in den Muskeln und den roten Blutkörperchen vor. Ferner ist es wichtig bei der Eliminierung von Stoffwechselendprodukten.

Allgemein: Ein bewährtes Neutralisationsmittel für alle Arten von Säureüberschuss, aber auch bei akuten und chronischen Erkrankungen, an denen eine Stoffwechselstörung beteiligt ist.

Atmungsorgane: Bronchitis mit dickgelblichem Auswurf, Mandel- und Rachenentzündung.

Verdauungsorgane: Sodbrennen; saures Erbrechen; sauer riechender Durchfall; Blähungen; fettig aussehender Kotabsatz; gelblich, grünlicher Durchfall mit Bauchschmerzen; Durchfall mit vorwiegend schmerzloser Entleerung; Reiseübelkeit.

Geschlechtsorgane/Harnapparat: Blasenentzündung; Gallen-, Nieren- und Harnblasensteine; Blasen- und Harnleiterentzündung.

Rüden und Hündinnen können vermehrten Ausfluss von dick rahmig, gelblicher Konsistenz aufweisen.

Bewegungsapparat: Muskelkater; Gelenkbeschwerden, deren Ursache in einem vermehrten Auftreten von Harnsäure begründet liegt.

Haut: Hautausschlag mit rahmartigen, honigfarbenen Absonderungen; die Haut und das Fell ist fettig mit stumpfem Fettglanz.

Anwendungsgebiete: Körperliche Störungen aufgrund Säureprobleme, z.B. Harnsäure, Magensäure.

Besonderheiten: Natrium phosphoricum ist das Mittel für den Stoffwechsel. Bewegung, fette Speisen und feuchtkaltes Wetter bringen Verschlechterung der Beschwerden.

▷ Nr. 10 Natrium sulfuricum

(Natriumsulfat/Glaubersalz)

Natrium sulfuricum ist vorzugsweise in den Körpersäften enthalten. Es bringt überflüssige oder sich nachteilig auf den Organismus auswirkende Stoffe zur Ausscheidung.

Allgemein: Erkrankungen der Ausscheidungsorgane wie Leber, Galle, Niere, Blase und Darm.

Verhalten: Reizbar; gleichgültig, niedergeschlagen.

Atmungsorgane: Trockener Husten mit wenig, bis gar keinem Schleim, gelegentlich reichlich lockerer Auswurf; Bronchialasthma, besonders bei Jungtieren; Bronchitis mit Verschlimmerung bei feuchter Luft; erkältungsbedingte Entzündungen mit gelbgrünem Schleim.

Verdauungsorgane: Störungen des Leber-Galle-Systems; grünlich, wässriger Durchfall; stinkende Blähungen; Durchfall, der vermehrt morgens auftritt; Durchfall wechselt mit Verstopfung; gussartiger Durchfall mit reichlichen Blähungen; voluminöser Kotabsatz.

Geschlechtsorgane/Harnapparat: Vermehrte oder verminderte Urinproduktion; Schmerzen beim Harnabsatz; unwillkürlicher Harnabgang; Blasen- und Nierenentzündung mit mangelnder Urinausscheidung.

Bewegungsapparat: Rheumatische Beschwerden.

Haut: Regelmäßig im Frühjahr auftretende Hautausschläge; Warzen oder warzenartige Knötchen; nässende und entzündliche Hautausschläge; Hautbläschen mit gelblicher Flüssigkeit; Juckreiz; Hautschwellungen, die an Ödeme erinnern.

Anwendungsgebiete: Störungen des Fettstoffwechsels; Wasseransammlungen im Körper; gelbgrünlich und wässrige Absonderungen.

Besonderheiten: Natrium sulfuricum zeigt oft periodisch auftretende Beschwerden. Gegen Morgen, bei feuchtem Wetter oder auch in feuchter Umgebung tritt Verschlimmerung ein.

▷ Nr. 11 Silicea

(Kieselsäure/Bergkristall)

Silicea ist unentbehrlicher Bestandteil des Bindegewebes und am Aufbau von Haut, Schleimhäuten, Nägel, Haare und Knochen beteiligt.

Allgemein: Steigert die Widerstandfähigkeit, aktiviert die Tätigkeit der „Fresszellen“ (unspezifisches Abwehrsystem) und ist ein Hauptmittel bei chronischen und akuten Entzündungen mit Eiterungen jeglicher Art.

Verhalten: Empfindlich; Mangel an Selbstvertrauen; schreckhaft, geräuschempfindlich; wirkt verwirrt/zerstreut; verträgt keinen Widerspruch, geht Konflikten aus dem Weg; Berührungsempfindlich; schnelle Ermüdbarkeit.

Atmungsorgane: Stock- oder Fließschnupfen mit wässrig scharfem Ausfluss; Kitzelreizhusten.

Verdauungsorgane: Blähungen, aufgetriebener Bauch mit Rumpeln und Kollern; Widerwille gegen gekochte, warme Speisen; übel riechende hellgelbe Durchfälle; Verstopfung mit vergeblichem Stuhldrang, der Stuhl gleitet nach großer Anstrengung heraus und dann an die gleiche Stelle wieder zurück.

Geschlechtsorgane/Harnapparat: Nierengries und Nierensteine, manchmal verringerter dunkelfarbiger Harnabsatz von intensivem Geruch. Die Urinmenge kann vermehrt sein und der Harnabgang schmerzhaft.
Hündinnen zeigen wässrig, wundmachenden und übel riechenden Ausfluss. Es kann zu Knoten und auch Entzündungen in der Milchleiste kommen.

Bewegungsapparat: Bandscheibenschaden (besonders in der Halswirbelsäule), Hüftgelenksdysplasie, Knochenauftreibungen, Arthrose, krankhafte Knorpelveränderungen; Sehnenscheidenentzündung; Knochenhautentzündung; Wachstumsstörung; Muskelschwäche; Gliederzittern; Steifheit; Bänderschwäche.

Haut: Jucken; Neigung zu Blasen, Pusteln, Furunkeln und Entzündungen unter der Haut. Schlecht heilende Wunden, selbst bei kleinsten Verletzungen. Raues, trockenes, dünnes, stumpfes und brüchiges Fell und Krallen.

Anwendungsgebiete: Bindegewebsschwäche; Abwehrschwäche; Eiterungsprozesse; Abbau von Ergüssen.

Besonderheiten: Silicea ist das Salz für Haut, Haar und Bindegewebe. Wärme und warmes, trockenes Wetter bringen Besserung. Witterungswechsel, Bewegung, kalter Luftzug, der Abend und die Nacht bringen Verschlechterung.

▷ Nr. 12 Calcium sulfuricum

(Kalziumsulfat/Alabaster)

Calcium sulfuricum kommt u.a. in der Leber und der Galle vor. Es regt den Stoffwechsel an und steigert die Blutgerinnung. Es unterstützt die Ausscheidung von Abbaustoffen.

Allgemein: Entzündungshemmende, reinigende Wirkung, fördert die Heilung durch Neubildung von Zellen und regt den Stoffwechsel an.

Verhalten: Ängstlich, schreckhaft, Panikattacken; zänkisch; gleichgültig; Berührungsangst.

Verdauungsorgane: Verlangen nach kalten Getränken; Ausscheidungsschwäche von Leber, Galle und Darm.

Geschlechtsorgane/Harnapparat: Chronisch hartnäckige Blasenentzündung, Nierenentzündung; chronischer, nicht zu beherrschender Durchfall.

Bewegungsapparat: Weichteil- und Gelenkerkrankungen; chronisch rheumatisch, entzündliche Gelenkerkrankungen.

Haut: Krustige Ekzeme; eitriger Ausschlag; Hauteiterungen mit nach außen liegender Öffnung.

Anwendungsgebiete: Abszesse, Furunkel; Bindehautentzündung; blutig eitriger Ausfluss; Mittelohrentzündung; bei allen eitrigen Prozessen.

Besonderheiten: Calcium sulfuricum hat eine Verschlechterung bei Wärme, Witterungswechsel, in und am Wasser. Eine Verbesserung erzeugt Wärme und Trockenheit.

Die 15 Ergänzungssalze

▷ Nr. 13 Kalium arsenicosum (Kaliumarsenit)

Kalium arsenicosum hat vor allem eine große Beziehung zur Haut.

Allgemein: Massive Abmagerung; Hauterkrankungen; Nervenstörungen; Lähmungen.

Verhalten: Enorm ängstlich, schreckhaft mit anfallsartigen Panikattacken; Berührungsangst.

Atmungsorgane: Rachen- und Mandelentzündung; Schnupfen; trockene Bronchitis.

Verdauungsorgane: Wässriger Durchfall, besonders nachts; Magen- und Darmschleimhautentzündung; Leberverfettung.

Geschlechtsorgane/Harnapparat: Chronisch degenerative Nierenerkrankung.

Bewegungsapparat: Muskelzucken; Krämpfe; Nervenstörung; Lähmung.

Haut: Trockene Haut; Risse, besonders in den Gelenkbeugen; kleieartige, weiße Schuppen; unerträglicher Juckreiz; Zwischenballenekzem; chronische Hauterkrankungen.

Anwendungsgebiete: Bei periodisch auftretenden Beschwerden, insbesondere bei Hautleiden.

Besonderheiten: Kalium arsenicosum zeigt eine Verschlimmerung der Beschwerden bei Kälte, feuchter Witterung, abends und um Mitternacht.

▷ Nr. 14 Kalium bromatum (Kaliumbromid)

Kalium bromatum konzentriert seine Wirkung auf die Haut und das Nervensystem.

Allgemein: Trockene und spröde Haut; Schilddrüsenerkrankungen und generell bei Entzündungen.

Verhalten: Unruhig.

Atmungsorgane: Bronchitis; Asthma.

Haut: Trockene, überempfindliche Haut; diffuser Haarausfall; borkenartige Ekzeme.

Anwendungsgebiete: Seh- und Hörstörungen; Schleimhautreizungen; Schilddrüsenerkrankungen.

Besonderheiten: Kalium bromatum hat eine leichte Verbesserung der Beschwerden in der Bewegung, während Ruhe verschlimmert.

▷ Nr. 15 Kalium jodatum

(Kaliumjodid)

Kalium jodatum kommt besonders in der Schilddrüse, der Leber, der Milz, den Nieren, dem Magen, der Haut und dem Fell vor.

Allgemein: Schleichend verlaufende Infektionen; vergrößerte Drüsen; Flüssigkeitsansammlung und Verhärtung der Gewebe.

Verhalten: Ruhelos; erregt ohne zu ermüden.

Atmungsorgane: Akute Kehlkopfentzündung; Schleimhautentzündung mit reichlich wässrigem Schnupfen; festsitzender Husten; allergisch bedingtes Asthma.

Verdauungsorgane: Abmagerung; Durchfall.

Geschlechtsorgane/Harnapparat: Blasen- und Harnleiterentzündung; Gebärmutterschleimhautentzündung.

Bewegungsapparat: Rheumatische Gelenkschwellungen; nächtlicher Knochenschmerz; Kniegelenksarthrose; Schmerzen der Knochenhaut.

Haut: Struppiges Fell; Hautschwellungen.

Anwendungsgebiete: Chronische Bronchitis; fördert den Appetit und die Verdauung; zur Behandlung von Schilddrüsenerkrankungen.

Besonderheiten: Kalium jodatum hat eine Verbesserung der Beschwerden bei feuchtheißem Wetter und Bewegung an der frischen Luft. Nässe, Kälte und in der Nacht verschlimmert alles.

▷ Nr. 16 Lithium chloratum

(Lithiumchlorid)

Lithium chloratum kommt nur in äußerst geringen Mengen im Körper vor, vor allem in der Lunge.

Allgemein: Besonders wirksam bei gichtisch, rheumatischen Erkrankungen, die mit schmerzhaften Anschwellungen und auch Versteifungen der Gelenke einhergehen.

Verdauungsorgane: Blähungen; Bauchkrämpfe; Magenschleimhautentzündung; Heraufwürgen von saurem Inhalt.

Geschlechtsorgane/Harnapparat: Entzündung der ableitenden Harnwege.

Bewegungsapparat: Dumpfer Schmerz von den Schulterblättern bis in den Lendenwirbelsäulenbereich; Schmerz durch Anschwellung und/oder Versteifung von Gelenken; rheumatische Erkrankungen.

Haut: Verdickung von Narbengewebe; erhöhte Talgabsonderungen der Haut.

Anwendungsgebiete: Abmagerung unklarer Genese; Immunschwäche; Harnsäureablagerungen.

Besonderheiten: Lithium chloratum zeigt eine Verschlimmerung der Beschwerden am Morgen und auf der rechten Seite, welche nach dem Aufstehen zurückgehen.

▷ Nr. 17 Manganum sulfuricum

(Mangansulfat)

Mangan findet man fast überall im Körper, besonders hoch konzentriert aber in der Leber und in der Bauchspeicheldrüse. In den Zellen kommt es besonders in den Mitochondrien vor, die die Energielieferanten der Zellen sind. Die Verbindung mit Sulfat hat sich als am wirksamsten erwiesen.
Allgemein: Hilft beim Aufbau von Knorpeln, neuem Bindegewebe und Knochen; stabilisiert das Immunsystem.
Atmungsorgane: Rachenentzündung; Bronchitis; chronische Entzündung der Luftwege.
Verdauungsorgane: Magen- und Darmschleimhautentzündung; Leberstörungen; Appetitlosigkeit.
Geschlechtsorgane/Harnapparat: Blasenentzündung.
Bewegungsapparat: Arthritis; Arthrose; Knochenhautentzündung; Defekte der Bandscheibe; Knochenbrüche; Wachstumsstörung.
Haut: Ekzeme; Schuppenflechte.
Anwendungsgebiete: Blutarmut; Eisenmangel; Stress; Ermüdungszustände, Erschöpfung.
Besonderheiten: Manganum sulfuricum verlangt nach frischer Luft und auch Ruhe bereitet Linderung. Geschlossene Räume, kaltes, nasses Wetter, Erregung und auch die Nacht bringen Verschlimmerung.

▷ Nr. 18 Calcium sulfuratum

(Kalziumsulfid)

Calcium sulfuratum findet sich in den Schleimhäuten, der Haut und den Muskeln wieder.

Allgemein: Es wirkt leicht antiinfektiös und regulierend auf die Sekretausscheidung, verbessert das Fellwachstum.

Atmungsorgane: Bronchitis; Lungenentzündung.

Verdauungsorgane: Unspezifische Durchfälle.

Bewegungsapparat: Muskellähmung und -zerrung; Verspannung.

Haut: Brüchiges Fell und Krallen; Geschwüre; chronische Hauterkrankungen; schlecht heilende, eitrige Haut; Abszesse.

Anwendungsgebiete: Zur Unterstützung bei der Leberentgiftung und genereller Toxinausleitung. Die Salze Nr. 6, Nr. 9 und Nr. 17 wirken sich nach Schöpfwinkel positiv auf Calcium sulfuratum aus, da sie die besondere Wirkung des Schwefels hervorheben.

Besonderheiten: Calcium sulfuratum zeigt eine Verbesserung der Beschwerden durch Wärme. Berührung, kaltes Wasser, kalte Luft und Kälte verschlechtern den Zustand.

▷ Nr. 19 Cuprum arsenicosum

(Kupferarsenit)

Cuprum arsenicosum bildet durch seinen Kupferanteil einen wichtigen Stoff für verschiedene Enzyme, die wiederum unterschiedliche Vorgänge im Körper aktivieren. Kupfer befindet sich in der Leber, im Herzen, im Gehirn, in der Milz und in den Nieren, wo es gespeichert wird. Arsen ist ein Spurenelement, das auf jede Körperzelle einwirkt.

Allgemein: Der Eisenstoffwechsel wird gefördert und das Immunsystem stabilisiert. Die Nebennierenfunktion wird unterstützt. Es wirkt auch antibakteriell und antiviral.

Atmungsorgane: Bronchitis mit sehr starken Hustenanfällen; Schnupfen.

Verdauungsorgane: Blähungen und Blähungskoliken; Darmentzündung und Darmkrämpfe; Durchfall; Magenschleimhautentzündung und -krämpfe; Spulwürmer, Bandwürmer.

Geschlechtsorgane/Harnapparat: Gallengries und Gallensteine; Schwäche der Niere sowie Nierenentzündung mit urämischen Symptomen.

Bewegungsapparat: Krämpfe und Zuckungen; Bindegewebsschwäche; chronische Neuralgien; Knorpelschäden und Knochenbrüche; Muskelverhärtungen, Probleme der Wirbelsäule.

Anwendungsgebiete: Neuralgien; Muskelkrämpfe; Epilepsie; Magen- und Darmentzündungen; Nierenleiden.
Besonderheiten: Cuprum arsenicosum zeigt durch Stress und Angst, Kälte und in der Nacht Verschlechterung. Ruhe und das Trinken von kaltem Wasser bringen Linderung.

▷ Nr. 20 Kalium Aluminium sulfuricum

(Kalium-Aluminiumsulfat)

Kalium Aluminium sulfuricum kommt im Körper nicht vor.
Allgemein: Wirkt sekretionshemmend, blutstillend und fäulniswidrig. Es hat zudem eine zusammenziehende Wirkung auf die Schleimhäute und auch auf Wunden. Die Blutgerinnung wird beschleunigt.
Atmungsorgane: Chronische Bronchitis; verstärkter Auswurf; grippaler Infekt; Maulschleimhautentzündung; Hals- und Rachenentzündung; chronische Rachenentzündung; Krampfhusten.
Verdauungsorgane: Magen- und Darmkoliken, einhergehend mit Durchfall oder auch Verstopfung; Blähungen und Blähungskoliken; Nierenstauung.
Geschlechtsorgane/Harnapparat: Blasenschwäche, unwillkürlicher Harnabgang.
Haut: Ekzeme; Haarbruch, Haarausfall; Hautödeme aufgrund einer allergischen Reaktion.
Anwendungsgebiete: Gedächtnis- und Konzentrationsschwäche; Irritationen des Nervensystems; kleinere Blutungen.
Besonderheiten: Kalium Aluminium sulfuricum ist angezeigt, wenn geschlossene Räume, Wärme und nach dem Fressen die Beschwerden schlechter werden, sich aber an der frischen Luft bessern.

▷ Nr. 21 Zincum chloratum

(Zinkchlorid)

Zincum chloratum hat durch den Zinkanteil eine große Bedeutung. Zink kommt in allen Organen des Körpers vor und ist ein Bestandteil von Enzymen, welche verschiedene Vorgänge im Organismus regulieren.

Allgemein: Wirkt stimulierend auf das Immunsystem und die Neubildung von Knochen. Verbessert die Wundheilung und unterstützt das körperliche Wachstum. Es ist an vielen Stoffwechselvorgängen beteiligt.

Atmungsorgane: Fließschnupfen; chronische Bronchitis; Halsentzündung; schmerzbedingte Schluckbeschwerden.

Verdauungsorgane: Erkrankungen der Bauchspeicheldrüse, Diabetes; Nabelbruch; Reizdarm.

Geschlechtsorgane/Harnapparat: Blasenentzündung; Blasenkrämpfe; Harnverhalten; brennen beim Harnabsatz; nächtlicher oder ständiger Harndrang; Prostatabeschwerden.

Bewegungsapparat: Nervöse Zuckungen; Neuralgien.

Haut: Wundheilungsstörung; chronische Ekzeme; Wachstumsstörungen von Fell und Krallen.

Anwendungsgebiete: Abwehrschwäche; häufige Infekte; Hirnreizungszustände; krampfartige Beschwerden.

Besonderheiten: Zincum chloratum zeigt Linderung von Beschwerden beim Fressen und eine Verschlechterung bei Berührung, nach dem Fressen und zwischen 17 und 19 Uhr.

▷ Nr. 22 Calcium carbonicum

(Kalziumkarbonat)

Calcium carbonicum kommt in den festen Bestandteilen des Körpers wie in den Zähnen und den Knochen vor.

Allgemein: Zuständig für den Aufbau von Knochen und Zähnen, da es regulierend auf den Kalziumstoffwechsel einwirkt. Erkrankungen der Haut und der Schleimhäute werden gebessert und die Zellmembranen gestärkt. Übertragungsregulierung der Impulse von den Nerven zu den Muskeln. Knochen werden schneller neu aufgebaut bzw. wachsen nach einem Bruch schneller wieder zusammen.

Atmungsorgane: Mandelentzündung, auch chronisch; chronische Entzündungen der Luftwege.

Verdauungsorgane: Berührungsempfindlicher, aufgetriebener Bauch; saures Aufstoßen, saures Erbrechen, saurer Durchfall, der ganze Hund riecht säuerlich. Durchfälle meistens am Nachmittag. Kotabsatz enthält unverdaute Bestandteile, zuerst hart, dann pastenartig, zum Schluss flüssige Konsistenz.

Bewegungsapparat: Entwicklungsstörung des Skelettsystems; Beine erscheinen einem sehr dick; krumme Knochen; Gelenkentzündung; Bandscheibenprobleme im Halswirbelsäulenbereich; Krämpfe der Muskulatur.

Haut: Brüchige Krallen; Zwischenzehenekzem; chronische Ekzeme; Wundheilungsstörung nach Verletzungen.

Anwendungsgebiete: Erkrankungen der Haut; Erkrankungen des Skelettsystems; Neigung zu Krankheitsrückfällen.

Besonderheiten: Calcium carbonicum hat eine Verbesserung bei trockenem Klima und in Ruhe. Anstrengung und feuchte Kälte bringen Verschlechterung.

▷ Nr. 23 Natrium bicarbonicum

(Natriumbikarbonat)

Natrium bicarbonicum kommt in der Pankreas und in der Leber vor.

Allgemein: Bildet im Blut einen Säurepuffer, dadurch kann eine Regulierung des Säure-Basen-Haushaltes erfolgen. Es wirkt aktivierend auf den Stoffwechsel und bindet überschüssige Säure.

Atmungsorgane: Schnupfen; allgemeine Erkältung.

Verdauungsorgane: Sodbrennen; Blähungen; Magen- und Darmschleimhautentzündungen; Bauchspeicheldrüsenschwäche; Brechdurchfall; Fettverdauungsstörung; saures Aufstoßen.

Geschlechtsorgane/Harnapparat: Blasenstein- und Blasenschmerz; Nierenstein.

Bewegungsapparat: Entzündungen der kleinen Gelenke, hervorgerufen durch harnpflichtige Substanzen.

Haut: Trockene Haut; Ekzeme.

Anwendungsgebiete: Aktivierung des Stoffwechsels und Bauchspeicheldrüsentätigkeit.

Besonderheiten: Natrium bicarbonicum bringt Verschlimmerung durch Hitze, Gewitter, Zugluft und Wetterwechsel. Bewegung und Zimmertemperatur zeigen Linderung.

▷ Nr. 24 Arsenum jodatum

(Arsentrijodid)

Arsenum jodatum findet sich in den Lymphknoten, der Haut und der Lunge.

Allgemein: Stimulierend für den gesamten Organismus. Hilft bei Infekten durch Immunstärkung, wirkt sich positiv auf den Stoffwechsel aus.

Atmungsorgane: Lungenerkrankungen, welche mit Abmagerung und Mattigkeit einhergehen. Akuter und chronischer Schnupfen; chronische Bronchitis; trockener Reizhusten ohne Auswurf.

Verdauungsorgane: Gewichtsverlust, trotz guten Appetits.

Geschlechtsorgane/Harnapparat: Blasenfunktionsstörung mit unwillkürlichem Harnabgang.

Haut: Nässende, entzündliche Hautausschläge; Jucken.

Anwendungsgebiete: Abmagerung; Schwäche; chronische Darmentzündungen; Wirkung auf die Lymphdrüsen, Lunge und Haut.

Besonderheiten: Arsenum jodatum beinhaltet eine Verschlechterung durch Wasser und Kälte. Besserung durch Fressen, Verlangen nach frischer Luft.

Praxistipp

Bei einer Abmagerung trotz guten Appetits und Futteraufnahme sollte auch an einen Wurmbefall gedacht und bei Bedarf Abklärung geschafft werden.

▷ Nr. 25 Aurum chloratum

(Gold-Salz)

Aurum chloratum kommt im Herzen, der Leber und Zirbeldrüse vor.

Allgemein: Dieses Salz wirkt auf die Zirbeldrüse im Gehirn ein, welches das Hormon Melatonin bildet. Melatonin regelt unter anderem das Wachstum und den Wach-Schlaf-Rhythmus.

Atmungsorgane: Kurzatmigkeit und schmerzhafter Husten.

Geschlechtsorgane/Harnapparat: Milchdrüsenverhärtung durch zahlreiche Geburten; Hypersexualität bei Rüden und Hündinnen; Hodenatrophie; Hodentumore, Eierstocktumore, Milchleistentumore; chronische Gebärmutterentzündungen.

Bewegungsapparat: Rheumatische Gliederschmerzen, besonders am Morgen nach der Ruhe mit Besserung in der Bewegung. Arthosen, Wirbelsäulenarthrose.

Anwendungsgebiet: Einen besonderen Bezug hat dieses Ergänzungsmittel auf den gesamten weiblichen Zyklus, sodass es seine Anwendung bei gynäkologischen Erkrankungen findet. Dazu zählen unter anderem Gebärmuttererkrankungen oder Läufigkeitsbeschwerden.

▷ Nr. 26 Selenium

(Selen)

Selenium kommt in der Leber vor.

Allgemein: Selen ist kein Salz, sondern ein rein chemisches Element, aber für den Organismus ein wichtiges Spurenelement. Seine antioxidative Wirkung schützt die Zellen vor freien Radikalen. Zudem unterstützt es die Leber bei der Entgiftung des Körpers.

Atmungsorgane: Plötzlich auftretender Fließschnupfen.

Verdauungsorgane: Leberbeschwerden und -störungen; Gallenblasenentzündung; Gallensteine.

Besonderheiten: Selenium hat eine Verschlechterung durch Sommerhitze.

▷ Nr. 27 Kalium bichromicum

(Kaliumbichromat)

Kalium bichromicum kommt in der Leber vor.

Allgemein: Hat eine enge Verbindung zum Fettstoffwechsel und unterstützt die Leber bei der Regulierung des im Körper vorhandenen Cholesterins. Ferner hilft es dem Körper Fett zu verbrennen und in Muskeln umzusetzen. Zudem besitzt es eine schleimlösende Wirkung.

Verhalten: Angst, sehr reizbar, menschenscheu.

Wichtig

Das in diesem Fall gemeinte „menschenscheu“ bezieht sich nicht auf Tiere, die nie auf den Menschen geprägt worden sind, wie beispielsweise bei Straßenhunden. Gemeint sind auch keine Hunde, welche aufgrund mangelnder Prägung, Sozialisierung und Traumata eine Art Abneigung gegen den Menschen haben, sondern von ihrem Charakter her dem Menschen nicht so nahe stehen.

Atmungsorgane: Husten bei jedem Einatmen; Husten mit erschwertem Auswurf; hart, bellender und rauer Husten; Auswurf ist schleimig, fadenziehend, gelbgrün und übel riechend. Schleimig eitriger Schnupfen mit Geruchsverlust; dauerndes Schniefen, Niesen; Absonderungen sind dicklich gelb. Chronische Mandelentzündungen; Heiserkeit; Auflagerungen an den Mandeln.

Verdauungsorgane: Schleimhautentzündungen des Verdauungstraktes; schneidende Schmerzen nach dem Fressen; morgendliche Durchfälle; akute Magenentzündung mit Erbrechen von heller, klarer Flüssigkeit.

Bewegungsapparat: Plötzlich auftretende und nur langsam wieder gehende Schmerzen; deutlich hörbares Gelenkknacken; Sehnen- und Sehnenscheidenentzündung; Muskel- und Gelenkrheumatismus mit wandernden Schmerzen, oft im Wechsel mit Verdauungsstörungen.

Anwendungsgebiete: Erkrankungen der Schleimhäute der Luftwege, des Magen-Darm-Traktes, Mandelentzündungen; regulierende Wirkung auf das Bindegewebe, die Nieren, das Herz und die Leber.

Besonderheiten: Kalium bichromicum zeigt eine Verschlechterung am Morgen und bei Kälte. Am Tag, bei feuchtkaltem Wetter, Bewegung und „in Gang kommen“ der Sekretionen bringen Besserung.

Beschwerden von Kopf bis Pfote

Die hier genannten Krankheiten sind beileibe nicht alle, die unsere Vierbeiner bekommen können. Es wurden diejenigen erwähnt, die von Ihnen als Hundehalter selbst behandelt oder zumindest unterstützend begleitet werden können. Bei Unklarheiten wenden Sie sich bitte an Ihren Tierarzt oder Tierheilpraktiker.
Mit den hier beschriebenen Schüßler-Salzen können Sie Ihr Tier unterstützen und wieder zur Genesung verhelfen. Manchmal reicht dafür ein Salz nicht aus oder es ist eine aufeinander aufbauende Therapie von Nöten. In diesen Fällen wird bei dem jeweilig genanntem Schüßler-Salz wie folgt darauf hingewiesen:

„plus": Wenn mehr als eine Biochemie gebraucht wird, erkennen Sie dies an diesem Zusatz. Eine Gabe besteht aus allen genannten Salzen.
„dann": Hier geben Sie bitte jeweils die genannten Mittel ohne zeitlichen Abstand einzeln nacheinander weg.
„pro Gabe im Wechsel mit": Manchmal ist aber auch ein ständiger Wechsel zweier oder ein täglicher Wechsel mehrerer Arzneien angezeigt. Einen ständigen Wechsel erkennen Sie an dem genanntem Zusatz.
„stündlich/täglich im Wechsel mit": Müssen die Salze weniger häufig ausgetauscht werden, so ist dies zusätzlich vermerkt.
„oder": In seltenen Fällen sind verschiedene Mittel gleich gut einsetzbar.
„Salbenbrei"/„Salbenanwendung": Die Bezeichnung *„Salbenbrei"* deutet darauf hin, die Salbe selbst durch das Zerpulvern und mit etwas Wasser angerührtem Schüßler-Salz zuzubereiten. Sollten zusätzliche *„Salbenanwendungen"* nützlich sein, so sind diese und eventuelle Mischungsverhältnisse mit aufgeführt.

Allgemeinbefinden und Psyche

Erschöpfung, schlechte Konzentration, **Ängste** verschiedener Natur, **Hyperaktivität** und **Anfälligkeiten** für Infekte sind Beschwerden, die auch bei unseren Hunden häufiger als gedacht vorkommen. In diesem Abschnitt finden Sie für Ihr Tier die richtigen Salze, um ihm bei diesen Problemen zu helfen.

▷ Abwehrschwäche/Allergien:

Häufige Erkältungen mit schlechter Heiltendenz, z.B. immer wiederkehrende Hals-, Nasen-, Ohren- oder Bronchialentzündungen.	Jeweils ca. 3 Wochen Nr. 3 Ferrum phosphoricum D12 *dann* Nr. 7 Magnesium phosphoricum D6 *dann* Nr. 6 Kalium sulfuricum D6
Verminderte Abwehrschwäche durch häufige oder lang anhaltende Antibiotikagaben und dadurch beeinträchtigte Darmflora.	Nr. 3 Ferrum phosphoricum D12
Welpen und Junghunde, die nach Infektionskrankheiten allgemeine Anfälligkeiten aufweisen.	Nr. 2 Calcium phosphoricum D6 *plus* Nr. 3 Ferrum phosphoricum D12 *plus* Nr. 11 Silicea D12

▷ Angstzustände

Angst vor Gewitter, Dunkelheit oder Alleinbleiben.	Nr. 22 Calcium carbonicum D6
Ängstlich, nervös, aufgeregt, empfindlich gegenüber äußerlichen Reizen, mit Eigensinn.	Nr. 11 Silicea D12

Allgemeine Ängstlichkeit ohne erkennbaren Grund, mit Verlangen nach frischer Luft und Besserung im Freien.	Nr. 6 Kalium sulfuricum D6
Angst vor Dunkelheit, mit großer Schwäche und Erschöpfung.	Nr. 6 Kalium phosphoricum D6 *oder* Nr. 22 Calcium carbonicum D6
Anfallartige Angst-/Panikattacken, welche plötzlich und unerwartet auftreten.	Nr. 14 Kalium bromatum D6
Angst bei generell sensiblen, empfindlichen und nervenschwachen Hunden.	Nr. 5 Kalium phosphoricum D6
Massive Angst mit Zittern und Aufregung.	Nr. 7 Magnesium phosphoricum D6

▷ Erschöpfung

Sensible, empfindliche Hunde, mit Leistungsschwäche und Müdigkeit bei periodisch auftretenden Beschwerden.	Nr. 8 Natrium chloratum D6 *oder* Nr. 11 Silicea D12 *oder* Nr. 21 Zincum chloratum D6
Allgemeine schnelle Erschöpfbarkeit, große Ermüdbarkeit bei geistiger Arbeit.	Nr. 26 Selenium D12

▷ Hyperaktivität

Körperliche und geistige Hyperaktivität, mit schneller Erschöpfung bei sensiblen Hunden, die sich gerne zurückziehen und alleine sein möchten.	Nr. 8 Natrium chloratum D6

▷ Nervosität

Allgemein nervöse Hunde, mit innerer Anspannung oder Verkrampfung.	Nr. 19 Cuprum arsenicosum D6
Allgemeine Nervosität, mit unerklärbarer Aufregung und Unruhe sowie Zittern.	Nr. 14 Kalium bromatum D6 *oder* Nr. 20 Kalium Aluminium sulfuricum D6
Schreckhaftigkeit, Gereiztheit, nervliche Empfindlichkeit bei seelischer und körperlicher Erschöpfung	Nr. 5 Kalium phosphoricum D6

▷ Konzentrationsstörungen

Durch Stress hervorgerufene Konzentrationsstörung, mit allgemeiner körperlicher und auch seelischer Erschöpfung.	Nr. 5 Kalium phosphoricum D6
Allgemein aufgedrehte, unruhige Hunde, die sich nicht konzentrieren können und schnell ablenken lassen.	Nr. 7 Magnesium phosphoricum D6

Kopfbereich

Die **Augen** sind ein sehr empfindliches Organ. Die meisten Augenerkrankungen sind schon äußerlich erkennbar. Entzündungen in diesem Bereich können mit Juckreiz, Schmerz und Ausfluss von unterschiedlicher Konsistenz einhergehen. Um festzustellen, um welche Erkrankung es sich genau handelt, sollten Sie einen Fachmann zu Rate ziehen. Die Augendiagnostik und auch die Behandlung bedarf Erfahrung, um Spätschäden zu vermeiden.
Ohrenprobleme können neben Parasiten wie Milben auch Bakterien, Pilze, Fremdkörper oder Stoffwechselerkrankungen als Ursache haben. Ohrenentzündungen zeigt der Hund meist deutlich durch vermehrtes Kopfschütteln, schiefe Kopfhaltung, häufiges Kratzen oder gar über den Boden rutschen mit dem Ohr. Ebenso kann eine vermehrte Schmalzbildung von flüssiger bis eitrig stinkender Konsistenz beobachtet werden. Schnelles Handeln ist notwendig, damit sich die Entzündung nicht ins Innenohr verlagert.
Nase, Hals und Rachen sind manchmal durch hartnäckigem und lästigem Schnupfen oder Entzündungen beeinträchtigt. Eine Behandlung kann so schon einmal mehr als nur ein paar Tage in Anspruch nehmen.
Auch **Zahnschmerzen** oder **Maulschleimhautentzündungen** sollten wir unsere ganze Aufmerksamkeit schenken. Das Gebiss des Hundes ist kräftig und stabil angelegt, eben das eines Beutetierfressers. So bedarf es auch immer einer entsprechenden Beanspruchung durch das Futter, um fest und gesund zu bleiben. Wir können unseren Hund schon im Welpenalter beginnend mit Schüßler-Salzen beim Zahnwechsel unterstützen oder bei Entzündungen und Schmerzen in jedem Lebensalter behandeln, damit nur bei großen Schäden ein Fachtierarzt für Zahnheilkunde tätig werden muss.

▷ Augen

Bindehautentzündung, akut

Augen empfindlich, gereizt, gerötet, juckend und bei Wind tränend.	Nr. 8 Natrium chloratum D6
Augen schmerzhaft, gerötet, entzündet, juckend, mit weißlichem Sekret.	Nr. 4 Kalium chloratum D6
Augen schmerzhaft, stark entzündet, Juckreiz, infolge einer allergischen Reaktion.	Nr. 17 Manganum sulfuricum D6 *oder* Nr. 22 Calcium carbonicum D6
Bindehautentzündung, Augenlidentzündung, mit zähem Schleim.	Nr. 27 Kalium bichromicum D12

Bindehautentzündung, chronisch

Augen chronisch entzündet, mit gelblichem Sekret.	Nr. 6 Kalium sulfuricum D6

Grauer Star

Linsentrübung einhergehend mit Sehschwäche und erhöhter Lichtempfindlichkeit.	N1. 1 Calcium fluoratum D12 *plus* Nr. 11 Silicea D12
Linsentrübung mit eingeschränkter Sehfähigkeit im Zusammenhang mit Diabetes.	Nr. 9 Natrium phosphoricum D6 *plus* Nr. 10 Natrium sulfuricum D6
Linsentrübung mit Sehverschlechterung und grauweiß wirkender Pupille.	Nr. 5 Kalium phosphoricum D6 *täglich im Wechsel mit* Nr. 8 Natrium chloratum D6

▷ Ohren

Ohrenentzündung, akut

Plötzlich beginnende, akute Entzündung, mit Druckschmerz und Rötung des Ohres.	Nr. 3 Ferrum phosphoricum D12 *plus* Nr. 4 Kalium chloratum D6
Akute oder auch chronische Entzündung, einhergehend mit Schmerz und Rötung des Innenohres.	Nr. 4 Kalium chloratum D6 *pro Gabe im Wechsel mit* Nr. 9 Natrium phosphoricum D6
Allgemeine Ohrentzündung mit Anschwellen des äußeren Gehörgangs.	Nr. 11 Silicea D12
Außen- und Innenohrentzündung.	Nr. 5 Kalium phosphoricum D6 *plus* Nr. 10 Natrium sulfuricum D6

Wichtig
Werden die akuten, sehr schmerzhaften Ohrenbeschwerden Ihres Hundes nicht rasch besser, suchen Sie bitte unverzüglich Ihren Tierarzt oder Tierheilpraktiker auf.

Ohrenentzündung, chronisch

Häufig wiederkehrende, chronische Entzündung mit Ausfluss von dickem Eiter.	Nr. 9 Natrium phosphoricum D6 *plus* Nr. 11 Silicea D12

▷ Nase

Entzündung, akut

Akuter wässriger Fließschnupfen mit wundmachender Absonderung.	Nr. 8 Natrium chloratum D6
Stockschnupfen mit erschwerter Nasenatmung.	Nr. 4 Kalium chloratum D6
Plötzlich, anfallsartiger Fließschnupfen.	Nr. 26 Selenium D12

Entzündung, chronisch

Chronischer Schnupfen mit erschwerter Nasenatmung und dicklich gelbem Sekret.	Nr. 12 Calcium sulfuricum D6 *plus* Nr. 27 Kalium bichromicum D12

▷ Maulbereich und Zähne

Beschwerden im Lefzen- und Maulbereich

Übler, fauliger Geruch aus dem Maul.	Nr. 5 Kalium phosphoricum D6
Entzündung des Zahnfleisches, leicht blutend.	Nr. 5 Kalium phosphoricum D6
Blasses, fast weißlich aussehendes entzündetes Zahnfleisch.	Nr. 2 Calcium phosphoricum D6

Zahnbeschwerden

Zahnschmerzen mit vermehrtem Speichelfluss.	Nr. 8 Natrium chloratum D6
Schmerzen beim Zahnwechsel.	Nr. 2 Calcium phosphoricum D6
Sich hinziehender, langsamer Zahnwechsel.	Nr. 1 Calcium fluoratum D12

Praxistipp
Zur Unterstützung können Sie Ihrem Welpen Calcium fluoratum D12, Calcium phosphoricum D6 und Calcium carbonicum D6 kurmäßig über den Zeitraum des Zahnwechsels verabreichen.

▷ Hals und Rachen

Mandel- und Rachenentzündung, akut

Akute Rachen- und Mandelentzündung mit Rötung, Schwellung, Schluckbeschwerden und weißgrauen Belägen.	Nr. 3 Ferrum phosphoricum D12 *plus* Nr. 4 Kalium chloratum D6 *plus* Nr. 27 Kalium bichromicum D12

Mandel- und Rachenentzündung, chronisch

Chronische Mandelentzündung, häufig wiederkehrend oder stagnierender Heilungsprozess.	Nr. 11 Silicea D12 *über einen längeren Zeitraum* Nr. 27 Kalium bichromicum D12

▷ Erkrankungen der Schilddrüse

Schilddrüsenfunktionsstörung

Schilddrüsenüber- und -unterfunktion, welche auch im Wechsel auftreten können.	Nr. 15 Kalium jodatum D6
Schilddrüsenunterfunktion, einhergehend mit struppigem Fell, Erschöpfung und Verstopfung.	Nr. 24 Arsenum jodatum D6
Schilddrüsenüberfunktion mit nervöser Unruhe, Gewichtsverlust, Haarausfall und Durchfall.	Nr. 24 Arsenum jodatum D12

Brustbereich

Husten ist ein Leitsymptom bei Atemwegserkrankungen. Seine Qualität kann von rau und trocken bis feucht, krampfhaft, schmerzhaft und mit festem bis zu lockerem Auswurf variieren. Die **Bronchitis**, eine Entzündung der Lungensegmente, geht mit Husten einher. Der Körper nutzt dies als Reinigungsmechanismus, um Schleimmassen jeglicher Art aus dem Organismus zu entfernen.

Die Damen der Hundewelt erfahren manchmal Mutterfreuden. Leider kann es in dieser Zeit zu generellen Problemen mit der **Milchbildung** oder gar zu **Entzündungen in der Milchleiste** kommen. In beiden Fällen leidet nicht nur das Muttertier, sondern auch die Nahrungsmittelzufuhr für die Welpen ist in Gefahr. Eine schulmedizinische Medikamentation kann in solchen Fällen den Welpen eher schaden als nutzen, Schüßler-Salze bringen hier rasche Hilfe und Linderung.

▷ Probleme bei Hündinnen

Brustdrüsenentzündung, akut

Brustdrüsenentzündung nach dem Werfen oder Milchstau während des Säugens mit druckempfindlichen Zitzen.	Nr. 3 Ferrum phosphoricum D12 *plus* Nr. 9 Natrium phosphoricum D6
Beginnende Brustdrüsenentzündung während der Säugezeit mit drohender Schwellung und Eiterbildung der Zitzen.	Nr. 3 Ferrum phosphoricum D12 *plus* Nr. 4 Kalium chloratum D6

Brustdrüsenentzündung, chronisch

Chronische Brustdrüsenentzündung während der Säugezeit mit beginnender Eiterbildung.	Nr. 11 Silicea D12

Probleme beim Säugen

Generell verminderte Milchbildung in der Säugephase.	Nr. 2 Calcium phosphoricum D6
Übermäßig vermehrte Milchbildung in der Säugephase, auch mit nicht weniger werdender Milch nach dem Absetzen der Welpen.	Nr. 10 Natrium sulfuricum D6
Milchstauung, fließt mal spärlich und dann wieder gar nicht, mit Anschwellen der Zitzen.	Nr. 8 Natrium chloratum D6

Gebärmutterentzündung

Zur Unterstützenden Behandlung bei tierärztlich diagnostizierter Gebärmutterentzündung.	Nr. 3 Ferrum phosphoricum D12 *plus* Nr. 11 Silicea D12 *plus* Nr. 27 Kalium bichromicum D12

▷ Lunge und Bronchien

Bronchitis, akut

Husten mit weißlich, bräunlichem oder gelbem Auswurf und erhöhter Temperatur.	Nr. 15 Kalium jodatum D6 *oder* Nr. 17 Manganum sulfuricum D6

Bronchitis, chronisch

Husten mit wechselndem gelben, bräunlich oder weißem Auswurf.	Nr. 15 Kalium jodatum D6 *oder* Nr. 24 Arsenicum jodatum D6
Chronische Bronchitis mit verdickten, erweiterten Bronchien.	Nr. 27 Kalium bichromicum D12

Husten, akut

Husten im Anfangsstadium, kurze Hustenattacken, Krampfhusten einhergehend mit Erkältung und auch erhöhter Temperatur.	Nr. 3 Ferrum phosphoricum D6

Husten, chronisch

Chronischer Husten mit weißlichem, gelblichem oder bräunlichem Auswurf.	Nr. 6 Kalium sulfuricum D6
Nächtlicher Krampfhusten ohne Auswurf oder auch heftiger trockener Reizhusten.	Nr. 5 Magnesium phosphoricum D6
Anfallsartiger trockener Husten, vorwiegend bei nassfeuchtem Wetter.	Nr. 10 Natrium sulfuricum D6

Wichtig

Wenn der Husten länger als 2 Wochen andauert, suchen Sie bitte einen Fachmann auf, da dieser dann auch schwerwiegendere Ursachen haben kann, wie etwa Herzprobleme, Lungenwurmbefall etc.

Bauchraum

Blähungen können durch zu schnelle Futterumstellung, minderwertiges Futter oder aber auch durch spezielle Verdauungsstörungen verursacht werden. Eine Klärung des Auslösers ist angezeigt. Ähnlich verhält es sich mit **Durchfall**. Gewöhnlich handelt es sich dabei nicht um eine eigenständige Erkrankung, sondern vielmehr um ein Symptom anderer innerer Störungen. In den meisten Fällen handelt es sich beim Durchfall um einen Entgiftungsprozess des Körpers. Hier kommen Bakterien, Pilze, Vieren, Medikamente, aber auch Futtermittelallergien und verdorbenes Futter als Auslöser in Betracht. Das gleiche gilt für **Erbrechen** und **Verstopfungen**. Magen- und Darmschleimhauterkrankungen, **Leber**, **Galle** sowie **Bauchspeicheldrüse** und auch die Schilddrüse sollten als Ursache ausgeschlossen oder festgestellt werden. Eine Behandlung mit der Biochemie kann dann umso hilfreicher sein.

▷ Speiseröhre, Magen und Darm

Blähungen

Blähungen bei träger Verdauung mit gelegentlicher Verstopfung.	Nr. 9 Natrium phosphoricum D6
Blähungen mit Bauchschmerzen, kolikartig.	Nr. 7 Magnesium phosphoricum D6
Vermehrte stark übel riechende, stinkende Blähungen.	Nr. 5 Kalium phosphoricum D6
Blähungen mit sehr schlechtem Kotabsatz und Verstopfung.	Nr. 10 Natrium sulfuricum D6

Durchfall

Gelbliche oder gelbschleimige Durchfälle, auch chronischer Natur.	Nr. 6 Kalium sulfuricum D6

Plötzlich auftretender heftiger, wässriger Durchfall mit kolikartigen Magen- und Darmkrämpfen.	Nr. 7 Magnesium phosphoricum D6
Faulig, aashaft stinkender Durchfall, mit Kolikschmerzen bei erfolglosem Stuhlgang.	Nr. 5 Kalium phosphoricum D6
Schleimiger, wässriger Durchfall mit Schleimhautfetzen.	Nr. 8 Natrium chloratum D6
Gelbliche bis gelbgrünliche Durchfälle, wechselnd mit Verstopfung.	Nr. 9 Natrium phosphoricum D6

Wichtig
Durchfälle, welche nicht fütterungsbedingt sind (z.B. Futterwechsel oder ständig wechselnde Leckerein) und nach drei Tagen nicht verschwunden sind (bei Welpen bitte früher), sollten vom Tierarzt oder Tierheilpraktiker behandelt werden. Wenn Ihr Hund gleichzeitig noch das Trinken verweigert, gehen Sie bitte unverzüglich zu einem Fachmann.

Erbrechen

Erbrechen von gelblicher, sauer riechender Gallenflüssigkeit.	Nr. 10 Natrium sulfuricum D6
Erbrechen von Futterresten, auch mit saurer Flüssigkeit, mit Magenschmerzen und Übelkeit.	Nr. 3 Ferrum phosphoricum D12
Erbrechen von sauer riechender Flüssigkeit. Auch bei Unwohlsein, Übelkeit und Reisekrankheit.	Nr. 9 Natrium phosphoricum D6
Erbrechen von wässrig, glasigem Schleim oder Schaum, auch von Wasser.	Nr. 8 Natrium chloratum D6
Erbrechen mit Auswürgen von weißem Schleim.	Nr. 4 Kalium chloratum D6

Erbrechen von klarer, heller Flüssigkeit bei akuter Magenschleimhautentzündung.	Nr. 27 Kalium bichromicum D12

Wichtig

Versucht Ihr Hund erfolglos zu erbrechen, trotz Würgen und Übelkeit, liegt möglicherweise eine Magendrehung vor. Gehen Sie bitte schnell mit ihm zum Tierarzt!

Nabelbruch

Bruchgeschwulst der Haut.	Nr. 1 Calcium fluoratum D12 *plus* Nr. 3 Ferrum phosphoricum D12 *plus* Nr. 11 Silicea D12

Magenschleimhautentzündung, akut

Akutes Stadium mit Schmerzen nach der Futteraufnahme, besonders bei gleichzeitig erhöhter Temperatur.	Nr. 3 Ferrum phosphoricum D12
Schmerzen sofort nach dem Fressen und nach kaltem Wasser.	Nr. 2 Calcium phosphoricum D6
Mit Magenkrämpfen und Druckgefühl, während oder nach Aufregung, mit Angst und Unruhe einhergehend.	Nr. 7 Magnesium phosphoricum D6
Schmerzen nur nach dem Fressen, mit zeitlichem Abstand.	Nr. 27 Kalium bichromicum D12

Magenschleimhautentzündung, chronisch

Chronische Magenschmerzen mit Verdauungsstörungen und Erbrechen.	Nr. 8 Natrium chloratum D6

Verstopfung

Darmträgheit, zuerst harter, dann weicher Kot, Stuhlgang hart und schmerzhaft.	Nr. 3 Ferrum phosphoricum D12
Verstopfung bei Aufregung bei sensiblem Hunden durch sehr trägen Darm, Stuhl dunkelbraun bis gelbgrünlich mit Schleimüberzug.	Nr. 5 Kalium phosphoricum D6
Harter, bröckeliger, fester und trockener Stuhlgang, Verstopfung kann mit Durchfall wechseln.	Nr. 8 Natrium chloratum D6
Harter, knolliger Stuhlgang der beim Pressen wieder zurück in dem Darm gleitet.	Nr. 11 Silicea D12
Verstopfung aufgrund einer Leberstörung.	Nr. 26 Selenium D12

Wichtig

Da bei Verstopfung ausgeschlossen werden sollte, dass sie beispielsweise nicht infolge einer mechanischen Ursache auftritt, wie etwa einem verschlucktem Fremdkörper, wenden Sie sich bitte zur Abklärung an Ihren Fachmann.

▷ Leber, Galle und Stoffwechsel

Fettsucht

Gewichtszunahme bei schlechter Fettverbrennung aufgrund einer Stoffwechselstörung.	Nr. 2 Calcium phosphoricum D6 *plus* Nr. 8 Natrium chloratum D6 *plus* Nr. 10 Natrium sulfuricum D6

Gallenblasenentzündung

Mit starken Schmerzen, insbesondere nach fettreichem Futter.	Nr. 3 Ferrum phosphoricum D12 *plus* Nr. 7 Magnesium phosphoricum D6
Verdauungsstörung, heller, gelblicher Stuhl, mit Neigung zu Gallenkoliken.	Nr. 9 Natrium phosphoricum D6 *plus* Nr. 10 Natrium sulfuricum D6

Leberentzündung

Leberentzündung mit erhöhten Leberwerten, Müdigkeit und Erschöpfung, auch bei beginnender Leberschrumpfung.	Nr. 6 Kalium sulfuricum D6 *plus* Nr. 26 Selenium D12
Entzündung mit Fieber einhergehend.	Nr. 3 Ferrum phosphoricum D12

Leberfunktionsschwäche

Zur Stärkung der Leber, auch bei Trägheit und Verhärtung der Leber.	Nr. 7 Magnesium phosphoricum D6 *plus* Nr. 26 Selenium D12

▷ Bauchspeicheldrüse

Diabetes

Zur unterstützenden Behandlung.	Nr. 7 Magnesium phosphoricum D6 *pro Gabe im Wechsel mit* Nr. 10 Natrium sulfuricum D6 Nr. 17 Manganum sulfuricum D6
Bei Eiweiß und Phosphat im Urin.	Nr. 2 Calcium phosphoricum D6

Verdauungsschwäche

Funktionsschwäche der Bauchspeicheldrüse, mit Blähungen und Fettverdauungsstörung.	Nr. 10 Natrium sulfuricum D6 *plus* Nr. 23 Natrium bicarbonicum D6

Unterleib

Blasengries, **Steine** in der **Blase** oder in der **Niere** sowie **Reizungen** und **Entzündungen** beider Organe sind mittlerweile echte Zivilisationskrankheiten unserer Hunde geworden. Neben dem Trockenfutter und seinen zu hoch angesetzten synthetisierten Vitaminen, Mineralstoffen und Spurenelementen können auch Bakterien, Kastration oder Verletzungen als Ursache in Betracht kommen. Der eigentliche Auslöser sollte natürlich abgeklärt werden, zumal Blasengries und -steine für Ihren Hund äußerst schmerzhaft sind, um dann mit den Schüßler-Salzen schnell und effektiv unterstützen zu können.

▷ Blase, Harnweg und Niere

Blasen-, Harnleiter- und Harnröhrenentzündung

Nächtlich auftretender unwillkürlicher Harnabgang.	Nr. 3 Ferrum phosphoricum D12 *plus* Nr. 10 Natrium sulfuricum D6
Harndrang mit geringer Entleerung, Schmerzen beim Urinieren, beginnende heftige Entzündung mit gelblich trübem oder bräunlichem Urin.	Nr. 3 Ferrum phosphoricum D6 *plus* Nr. 10 Natrium sulfuricum D6
Hartnäckige, schmerzhafte Entzündung mit trübem und fleckig aussehendem Urin.	Nr. 16 Lithium chloratum D6
Blasenentzündung mit Kolik, ständiger Harndrang mit sehr hellem, klarem Urin.	Nr. 7 Magnesium phosphoricum D6
Chronische (Blasen-)Entzündungen mit gelblich eitrigem Urin.	Nr. 11 Silicea D12 *plus* Nr. 12 Calcium sulfuricum D12

Nierenfunktionsstörung

Bakterielle Nierenbeckenentzündung mit erhöhter Temperatur und Druckschmerz.	Nr. 4 Kalium chloratum D6 *plus* Nr. 19 Cuprum arsenicosum D6
Akute Nierenentzündung, mit Fieber, auch weißgrauem Schleim, auch chronisch.	Nr. 3 Ferrum phosphoricum D12 *stündlich im Wechsel mit* Nr. 9 Natrium phosphoricum D6 Nr. 10 Natrium sulfuricum D6 (also: Nr. 3, Nr. 9, Nr. 3, Nr. 10, ...)

Wichtig
Wenden Sie sich bei Nierenbeschwerden bitte rasch an Ihren Tierarzt und setzen Sie die Biochemie nur unterstützend ein!

▷ Männliche Geschlechtsorgane

Geschlechtstrieb, erhöht

Gesteigerter Geschlechtstrieb bei gleichzeitig nachlassender sexuellen Kraft.	Nr. 22 Calcium carbonicum D6
Gesteigerter Geschlechtstrieb.	Nr. 25 Aurum chloratum D12

Geschlechtstrieb, vermindert

Verminderter Geschlechtstrieb, mit anfänglich vorhandener und ohne ersichtlichen Grund plötzlich wieder schwindender Erregung.	Nr. 14 Kalium bromatum D6

▷ Weibliche Geschlechtsorgane

Läufigkeitsbeschwerden

Unregelmäßige Hitze mit verlängerten oder auch verkürzten Intervallen.	Nr. 2 Calcium phosphoricum D6 Nr. 25 Aurum chloratum D 12

Ausbleibende Läufigkeit, z.B. nach Krankheit, auch „stille Hitze".	Nr. 3 Ferrum phosphoricum D12

Scheidenausfluss

Weißer oder auch weißgelblicher Ausfluss, sieht wie Eiklar aus.	Nr. 2 Calcium phosphoricum D6
Scharfer und wundmachender Ausfluss, der den Scheidenbereich reizt und auch Jucken verursacht.	Nr. 8 Natrium chloratum D6 *pro Gabe im Wechsel mit* Nr. 11 Silicea D12

Bewegungsapparat

Gelenke haben die Aufgabe, die einzelnen Teile des Skelettsystems miteinander zu verbinden und beweglich zu erhalten. Sie werden von Gelenkkapseln geschützt, welche teilweise derbe Fasern und Bänder enthalten. Die **Muskeln** der Gelenke sind mittels der **Sehnen** an den Knochen angeheftet, welche wiederum von der schützenden Sehnenscheide umgeben sind. Zusätzlich lagern unter den Sehnen noch **Schleimbeutel**, die vor Abnutzung bewahren sollen. In all den genannten Bereichen kann es zu den verschiedensten Problemen kommen. Entzündungen im Bereich der Muskeln, Sehnen, Sehnenscheiden, Bänder und Schleimbeutel haben neben ähnlichen Symptomen auch im Allgemeinen die gleiche Ursache. Meistens handelt es sich dabei um Verletzungen, Unfälle, Nässe, Kälte oder Infektionen. Sie gehen mit mehr oder weniger schmerzhaften Schwellungen, Lahmheiten, Bewegungsstörungen, Krämpfen, Muskelschwund oder gar Fieber, bei eitrigen Prozessen, einher. Mit wenigen Schüßler-Salzen können Sie hier Ihrem Hund hilfreich zur Seite stehen.

Bei der **Arthritis**, einer entzündlichen Erkrankung des Gelenks, sind aktuelle Auslöser wie Zerrungen, Verrenkungen, Quetschungen, Allergene oder Infektionen ursächlich. Die Arzneien der Biochemie greifen all diese Anlässe mit auf.

Die **Arthrose** bezeichnet eine degenerative Gelenkerkrankung. Das bedeutet, dass Knochenmaterial der Gelenke abgenutzt bzw. abgebaut wird oder aber, wie bei der Hüftgelenksdysplasie möglich, gar nicht erst richtig ausgeprägt ist. Neben erbbedingten Ursachen sind aber ebenfalls Verletzungen, ständige Überbelastung, Fehlbelastung und natürlich Ernährungsfehler möglich. Auch hier können wir wieder vom Welpenalter an positiv mit den Salzen einwirken, bei älteren Tieren jedoch nur noch Linderung verschaffen. Einmal verloren gegangenes Material, ist auch leider mit der Biochemie nicht wieder herzuzaubern. Aber ein Rückgang der Beschwerden lässt sich allemal erreichen.

Der **Bandscheibenvorfall** ist vielen unter der Bezeichnung „Dackellähme“ ein Begriff. Dabei ist dieses Ereignis längst nicht nur auf die Rasse der Dackel beschränkt, sondern kann jeden Hund ereilen. Die Bandscheibe zwischen den einzelnen Wirbeln übernimmt eine Pufferwirkung und unterstützt die Beweglichkeit der Wirbelsäule. Durch eine Stoffwechselstörung verknöchern die knorpeligen Zwischenwirbelscheiben. Treppen laufen,

Sprünge oder Kunststückchen wie „Männchen machen“ sind dann häufig der Auslöser dafür, dass die so unelastisch gewordene Bandscheibe in den Wirbelkanal vorfällt. So drückt sie dann gegen das Rückenmark und die aus den Wirbeln austretenden Nerven. Egal, ob es sich langsam entwickelt oder plötzlich auftritt, ein Schmerzensschrei unseres Hundes ist gewiss. Nun entwickelt sich in dem betroffenen Bereich ebenfalls eine Entzündung und kann zu unterschiedlich ausgeprägten Ausfallerscheinungen, bis hin zur totalen Lähmung führen. Die Methode der Biochemie erweist sich aber auch hier als überaus erfolgreich.
Eine **Nervenentzündung**, ob mit einem Bandscheibenvorfall einhergehend oder selbstständig entwickelt, ist eine schmerzhafte Angelegenheit. Jeder von uns, der schon einmal einen „Hexenschuss“ hatte, wird das bestätigen können. Auch bei unserem Hund sind Bewegungseinschränkungen deutlich erkennbar und es sollte schnellstmöglich Linderung geschaffen werden. Mit den Schüßler-Salzen können wir rasch gegen die Entzündung einwirken.

▷ Bänder und Sehnen

Bänder- und Sehnenschwäche

Bänder- und Sehnenschwäche mit Schmerzen nach körperlicher Belastung, Neigung zu Verletzungen wie z.B. Zerrungen.	Nr. 1 Calcium fluoratum D12 *plus* Nr. 2 Calcium phosphoricum D6 *plus* Nr. 11 Silicea D 12
Allgemeine Schwäche/Erschlaffung der Sehnen und Bänder.	Nr. 1 Calcium fluoratum D12 *plus* Nr. 8 Natrium chloratum D6 *plus* Nr. 11 Silicea *als äußerliche Salbenanwendung*

Bänder- und Sehnenverletzung

Sehnenzerrung, Bänderriss.	Nr. 3 Ferrum phosphoricum D12 *plus äußerliche Salbenanwendung*

Sehnenentzündung

Entzündung der Sehnen, Sehnenscheiden und des Bindegewebes mit Schmerzgefühl und Bewegungsschmerz.	Nr. 3 Ferrum phosphoricum D12 *plus* Nr. 6 Kalium sulfuricum D6 *plus* Nr. 7 Magnesium phosphoricum D6 *zusätzlich äußerliche Salbenanwendung:* Nr. 3 Ferrum phosphoricum *(morgens)* *plus* Nr. 11 Silicea *(abends)*
Sehnen- und Sehnenscheidenentzündung.	Nr. 27 Kalium bichromicum D12

▷ Gelenke

Arthritis und Arthrose, akut

Akute Gelenkentzündung, auch mehrere Gelenke, mit Rötung, Schwellung und Bewegungseinschränkung.	Nr. 3 Ferrum phosphoricum D12 *plus* Nr. 11 Silicea D12 *plus* Nr. 17 Manganum sulfuricum D6 *zusätzlich äußerliche Salbenanwendung:* Nr. 3 Ferrum phosphoricum *(morgens)* *plus* Nr. 11 Silicea *(abends)*

Arthritis und Arthrose, chronisch

Chronische Gelenkentzündung, auch mehrere Gelenke, mit Schwellung und Bewegungseinschränkung.	Nr. 4 Kalium chloratum D6 *plus* Nr. 11 Silicea D12 *plus* Nr. 17 Manganum sulfuricum D6

Arthrose mit Anlaufschwierigkeiten. Durch Degeneration oder Entartung der Knorpel und Gelenkverhärtung.	Nr. 1 Calcium fluoratum D12 *plus* Nr. 11 Silicea D12 *plus* Nr. 25 Aurum chloratum D 12 *plus äußerliche Salbenanwendung:* Die ersten beiden 1:1 mischen.
Arthrose durch Entartung der Gelenke mit Schmerzen nach der Belastung, Gelenke werden dick, knotig und sind hart.	Nr. 2 Calcium phosphoricum D6 *plus äußerliche Salbenanwendung*
Hüftgelenksdysplasie.	Nr. 11 Silicea D12 *plus* Nr. 22 Calcium carbonicum D6
Gelenksteife, besonders morgens oder in Kälte.	Nr. 21 Zincum chloratum D6 *plus* Nr. 25 Aurum chloratum D 12
Ellenbogendysplasie.	Nr. 11 Silicea D12 *plus* Nr. 1 Calcium fluoratum D12 *täglich im Wechsel mit* Nr. 2 Calcium phosphoricum D6 Nr. 22 Calcium carbonicum D6 (also: Nr. 11 + Nr. 1, Nr. 11 + Nr. 2, Nr. 11+ Nr. 22, ...)

▷ Knochen

Knochenentwicklungsstörung

Zur Unterstützung beim Aufbau in der Wachstumsphase von Welpen und Junghunden.	Nr. 1 Calcium fluoratum D12 *plus* Nr. 2 Calcium phosphoricum D6

▷ Muskeln und Nerven

Muskelschwäche und Muskelverhärtung

Allgemeine Muskelschwäche nach schwerer Krankheit mit Erschöpfung und Kräfteverlust.	Nr. 2 Calcium phosphoricum D6
Muskelschwäche mit Bewegungseinschränkung, Verspannung und Verhärtung der Muskulatur.	Nr. 5 Kalium phosphoricum D6
Muskelverhärtung mit Schmerzen und mäßiger Bewegungseinschränkung.	Nr. 7 Magnesium phosphoricum D6

Muskelverletzung

Muskelzerrung und Muskelfaserriss mit Schmerzen, besonders in Bewegung.	Nr. 3 Ferrum phosphoricum D12 *plus* Nr. 7 Magnesium phosphoricum D6
Muskelentzündung.	Nr. 3 Ferrum phosphoricum D12 *plus* Nr. 11 Silicea D12

Nervenschmerzen

Nervenschmerz vom Lendenwirbel bis in die Pfote, beispielsweise durch Entzündung, Wirbelkörperfehlstellung, Bandscheibenvorfall.	Nr. 3 Ferrum phosphoricum D 12 *plus* Nr. 7 Magnesium phosphoricum D6 *plus* Nr. 9 Natrium phosphoricum D6
Plötzlich einschießender Nervenschmerz mit wechselnden Stellen.	Nr. 7 Magnesium phosphoricum D6 *plus* Nr. 13 Kalium arsenicosum D6

▷ Rücken

Bandscheibenvorfall, akut

Zur Unterstützung eines akuten Bandscheibenvorfalls.	Nr. 3 Ferrum phosphoricum D12 *plus* Nr. 7 Magnesium phosphoricum D6 *plus* Nr. 11 Silicea D12

Praxistipp:
Wie erkenne ich einen Bandscheibenvorfall? Ein akuter Bandscheibenvorfall zeigt sich neben neurologischen Ausfällen (Lahmheit) auch in einer kreisförmigen Fortbewegung des Hundes.

Bandscheibenvorfall, chronisch

Nach einem Vorfall mit Lähmungserscheinungen und Beschwerden nach längerer Ruhephase.	Nr. 7 Magnesium phosphoricum D6 *plus* Nr. 11 Silicea D12
Zur Regeneration der Bandscheiben.	Nr. 1 Calcium fluoratum D12 *plus* Nr. 2 Calcium phosphoricum D6 *plus* Nr. 5 Kalium phosphoricum D6 *plus* Nr. 11 Silicea D12 *nur abends allein verabreichen*

Wichtig
Bei Verdacht auf einen Bandscheibenvorfall wenden Sie sich bitte umgehend an Ihren Tierarzt, da dieser sehr schmerzhaft ist. Die Schüßler-Salze, andere naturheilkundliche und physiotherapeutische Verfahren können Sie hervorragend unterstützend einsetzen.

Ischialgie, akut

Akute Nervenentzündung mit Ausstrahlung in die Hüfte.	Nr. 3 Ferrum phosphoricum D 12 *plus* Nr. 7 Magnesium phosphoricum D6 *plus* Nr. 9 Natrium phosphoricum D6

Ischialgie, chronisch

Wiederkehrende, chronische Ischialgie.	Nr. 1 Calcium fluoratum D12 *plus* Nr. 11 Silicea D12
Nervenentzündung mit Verschlimmerung bei Feuchtigkeit, kaltfeuchtem Wetter.	Nr. 5 Kalium phosphoricum D12 *plus* Nr. 10 Natrium sulfuricum D12

Haut, Fell und Krallen

Haut und Fell schützen den Körper vor Verletzungen und sorgen für die Thermoregulierung. Zusätzlich übernimmt die **Haut** auch noch die Rolle der Abwehr von Krankheitskeimen und die in ihr verborgenen Sinneszellen leiten die äußeren Reize weiter. Neben der Leber und den Nieren ist die Haut das größte Entgiftungsorgan des Körpers und stellt im Bedarfsfall einen Entlastungskomplex für die klassischen Ausscheidungsorgane dar. Das **Fell** wiederum übernimmt neben seinen körperlichen Aufgaben auch die der Kommunikation, zum Beispiel das Aufstellen der Haare bei Angst. Die Krankheitsursachen können, von äußeren Verletzungen wie Verbrennungen mal abgesehen, vielfältiger Natur sein. Im Allgemeinen sind aber immer innere Disharmonien auszumachen. Neben Stoffwechselstörungen, Ektoparasiten wie Flöhe, Allergien, mangelnde Hygiene, ernährungsbedingte und hormonelle Störungen sind ebenfalls Überlastungen der inneren Ausscheidungsorgane wie Bronchien, Leber, Darm und Niere und auch durch Medikamente hervorgerufene Schäden möglich. Die Auslöser sind nicht immer klar voneinander zu trennen, häufig zieht das eine sogar das andere nach sich. Andere Symptome können hier so manches Mal Aufschluss über die Ursache geben, was eine gute Beobachtungsgabe voraussetzt. Mit etwas Geduld lässt sich dann eine Sanierung der betroffenen Bereiche in die Wege leiten.

▷ Haut

Schuppender Hautauschlag

Hautausschlag mit Schuppen, darunter ist die Haut gelblich und schmierig.	Nr. 6 Kalium sulfuricum D6 *plus äußerliche Salbenanwendung*
Hautauschlag mit mehlartigen, kleinen Schuppen, welche nach dem Aufgehen von Bläschen entstehen.	Nr. 4 Kalium chloratum D6 *plus äußerliche Salbenanwendung*
Kleine weiße Schuppen bei trockener Haut und Rötung am Fellansatz, mit Juckreiz.	Nr. 8 Natrium chloratum D6 *plus äußerliche Salbenanwendung*

Weißgelbliche Krusten auf der schuppigen Haut, mit Juckreiz.	Nr. 2 Calcium phosphoricum D6 *plus äußerliche Salbenanwendung*

Trockener Hautauschlag

Schuppender Hautauschlag, auch chronisch, vorwiegend gelbliche, gelbgrünliche, trocken aussehende Schuppen.	Nr. 10 Kalium chloratum D6 *plus* Nr. 13 Kalium arsenicosum D6 *zusätzlich äußerliche Salbenanwendung:* Nr. 10 Kalium chloratum
Honiggelbe, immer wiederkehrender Hautauschlag bei genereller Hautempfindlichkeit.	Nr. 9 Natrium phosphoricum D6 *plus äußerliche Salbenanwendung*

Sonstiger Hautausschlag

Reichliche Abschuppung der Haut, darunter oft klebrig und schmierig.	Nr. 2 Calcium phosphoricum D6 *plus* Nr. 6 Kalium sulfuricum D6
Hartnäckige oder chronische Hautausschläge, mit Bildung von eitrig wirkenden Krusten.	Nr. 11 Silicea D12 *plus äußerliche Salbenanwendung*
Übelriechende und schmierige Krusten oder schuppiger Ausschlag.	Nr. 5 Kalium phosphoricum D6
Überall am Körper auftreten könnende Hautbläschen, deren Inhalt eiweißartig aussieht.	Nr. 2 Calcium phosphoricum D6 *plus äußerliche Salbenanwendung*
Überall am Körper auftreten könnende Hautbläschen, deren Inhalt wässrig aussieht.	Nr. 8 Natrium chloratum D8 *plus äußerliche Salbenanwendung*

Warzen

Warzen allgemein.	Nr. 1 Calcium fluoratum D12 *plus* Nr. 4 Kalium chloratum D6 *plus* Nr. 11 Silicea D12 *zusätzlich äußerliche Salbenanwendung:* Nr. 1 Calcium fluoratum *morgens* Nr. 11 Silicea *abends*
Zum Eintrocknen von Warzen.	Nr. 10 Natrium sulfuricum D6 *als Salbenbrei auftragen*

▷ Fell

Ausfall

An verschiedenen Stellen auftretender, kreisrunder Ausfall.	Nr. 5 Kalium phosphoricum D6
Diffuser Ausfall bei brüchigem, schlecht nachwachsendem Fell.	Nr. 11 Silicea D12
Diffuser Ausfall nach Impfungen, Medikamenten oder Operationen.	Nr. 4 Kalium chloratum D6

Erste Hilfe

Auch bei unserem Hund kann es einmal zu Verletzungen kommen. Sei es durch einen Unfall oder auch weil das Tier vielleicht etwas ungestüm ist. Kleinere Verletzungen lassen sich sehr schnell mit den Schüßler-Salzen in Ordnung bringen. Schwerere Verletzungen wie beispielsweise ein Knochenbruch oder hohes Fieber gehören natürlich in die Hand eines Tierarztes. Allerdings können wir auch hier mit unserer Biochemie den Heilungsprozess positiv beeinflussen und sogar beschleunigen.

▷ Verletzungen

Bluterguss

Mit Schmerz, Schwellung und/ oder Rötung.	Nr. 3 Ferrum phosphoricum D12

Knochenbruch

Zur Unterstützung bei Frakturen.	Nr. 2 Calcium phosphoricum D12 *plus* Nr. 22 Calcium carbonicum D12

Prellung und Quetschung

Mit Rötung, Schwellung und Schmerz.	Nr. 3 Ferrum phosphoricum D12 *plus* Nr. 2 Calcium phosphoricum D12

Schnitt- und Schürfwunden

Leicht blutende Wunden, Rötung, Schwellung, Schmerz, Bluterguss.	Nr. 3 Ferrum phosphoricum D12

Wichtig

Bei schweren Verletzungen, starken Blutungen, tiefen Risswunden, Autounfällen (auch wenn äußerlich nichts zu sehen ist!) gehen Sie bitte schnellstmöglich zu Ihrem Tierarzt!

▷ Insektenstiche

Insektenstiche

Mit Juckreiz, Schwellung und Rötung der Haut.	Nr. 8 Natrium chloratum D8

▷ Sonstige akute Beschwerden

Fieber

Zur Unterstützung bei mäßigem und höherem Fieber als Begleitsymptom, z.B. bei Infekten, Entzündungen oder Magen-Darm-Störungen.	Nr. 3 Ferrum phosphoricum D12 *bei mäßig erhöhter Temperatur* Nr. 5 Kalium phosphoricum D12 *bei höherem Fieber*

Nachbehandlung von Operationen

Wunden und Entzündungen nach operativen Eingriffen, z.B. Kastration. Auch bei Wundheilungsstörungen nach Operationen.	Nr. 3 Ferrum phosphoricum D12 Nr. 4 Kalium chloratum D6

Zahnverletzungen

Abgebrochene Zähne, z.B. Unfall, mit Schmerzen.	Nr. 2 Calcium phosphoricum D12 *plus* Nr. 3 Ferrum phosphoricum D12

Biochemische Salben

Unterstützend zu der innerlichen Schüßler-Salz-Behandlung, bieten die biochemischen Salben (Nr. 1 bis 12) eine hervorragende Ergänzung, um schnelle Linderung zu schaffen. Das Anwendungsgebiet dieser Schüßler-Salz-Salben ist sogar noch etwas umfangreicher als bei den zuvor genannten Behandlungsmöglichkeiten beschrieben.

Als ein gutes Beispiel hierfür ist die stetige Zunahme der Hautprobleme bei unseren Hunden zu nennen. Nachdem natürlich zunächst einmal Ursachenfoschung betrieben und die Auslöser so weit wie möglich eliminiert wurden, kann mit der Anwendung der passenden biochemischen Salbe dem betroffenen Vierbeiner rasch geholfen werden.

Für ein schnelles Auffinden der entsprechenden Salbe an dieser Stelle noch einmal eine kleine Übersicht:

Nr 1 Calcium-fluoratum-Salbe

Findet ihre Anwendung bei Hautschrunden, Narbenwülsten, eiternden Fisteln, Hautrissen und unterstützend bei schwachen Bändern.

Nr. 2 Calcium-phosphoricum-Salbe

Ist angezeigt bei Gelenkergüssen, Schleimbeutelentzündungen, Knochenhautreizungen, Lymphdrüsenschwellungen, eitrigen Hautausschlägen und unterstützend bei Verspannungen.

Nr. 3 Ferrum-phosphoricum-Salbe

Anwendung bei frischen Wunden, Quetschungen, Verstauchungen, Weichteilverletzungen, Knochenbrüchen und juckenden, nesselsuchtartigen Hautausschlägen. Außerdem nach Insektenstichen, leichten Verbrennungen, Sonnenbrand, Schwellungen, geröteten Entzündungen und Gelenkentzündungen.

Nr. 4 Kalium-chloratum-Salbe

Wird eingesetzt bei Ausschlägen mit entzündeten Bläschen, trockene Hauterkrankungen mit mehlartigen Schuppen, Schleimbeutel und Sehnenscheidenentzündungen und bei Warzen.

Nr. 5 Kalium-phosphoricum-Salbe

Bietet Hilfe bei nesselsuchtartigen Hautausschlägen und kreisrundem Haarausfall, schlecht heilenden Wunden und Quetschungen.

Nr. 6 Kalium-sulfuricum-Salbe

Geeignet für knötchenartige Hautausschläge, eitrigem Bläschenausschlag, Jucken, übermäßiger Hautabschuppung sowie rheumatischen Schmerzen im Bewegungsapparat.

Nr. 7 Magnesium-phosphoricum-Salbe
Bei Hautjucken, vor allem bei älteren Tieren, bei Schuppenflechte, als Zusatztherapie und Nervenschmerzen mit wechselnder Lokalisation.

Nr. 8 Natrium-chloratum-Salbe
Gut geeignet bei Hautpilzerkrankungen mit weißen Schuppen, Insektenstichen, Arthrosen und Bandscheibenvorfall.

Nr. 9 Natrium-phosphoricum-Salbe
Findet Anwendung bei Furunkeln im Stadium der Eiterbildung, bläschen- und pustelartigen Hautausschlägen sowie bei beginnender Milchleistenentzündung.

Nr. 10 Natrium-sulfuricum-Salbe
Angezeigt bei Hautpilzerkrankungen, eitrigen Hautauschlägen mit wässrig gelbem Inhalt.

Nr. 11 Silicea-Salbe
Einsatz bei nässenden Ekzemen, schlecht heilenden Wunden, entzündlichen Zwischenzehenekzemen, Abszessen und zur Linderung von Liegeschwielen.

Nr. 12 Calcium-sulfuricum-Salbe
Anwendung bei offenen Eiterungen, Furunkeln und rheumatischen Schmerzen.

Praxistipp

Haben Sie die nötige Salbe nicht zu Hause, können Sie stattdessen selbst einen Salbenbrei anrühren: Zerkleinerte Tabletten oder Pulver mit etwas Wasser vermischen. Den Brei auf die betroffene Stelle auftragen.

Haus- und Reiseapotheke

Eine Haus- und Reiseapotheke mit den Schüßler-Salzen lässt sich anhand der nachfolgend aufgeführten Mittel leicht zusammenstellen. Alle Salze der Biochemie sind in handlichen kleinen Glasflaschen zu 80 Tabletten in der Apotheke erhältlich. Oder Sie kaufen eine größere Verpackungseinheit und füllen sich selbst eine kleinere Menge davon ab. In letzterem Fall ist eine ausreichende Beschriftung der Gefäße wichtig, damit im Notfall jedes Familienmitglied schnell in der Lage ist, das richtige Mittel zu finden. Einige Hersteller bieten allerdings auch Sets beziehungsweise Haus- und Reiseapotheken an. Zusätzlich kann es hilfreich sein, eine Liste beizufügen auf der die Anwendungsgebiete der einzelnen Arzneien notiert sind, oder Sie kopieren sich einfach die Liste aus diesem Buch. In Ihrem Apothekenschrank sollten Sie außerdem einen Zettel mit dem Namen, der Telefonnummer und den Sprechzeiten Ihres Tierarztes und Tierheilpraktikers aufbewahren. Das erspart im Notfall langes suchen. Bitte kontrollieren Sie mindestens einmal im Jahr Ihre Apotheke und sortieren Produkte aus, deren Verfallsdatum überschritten wurde, und ergänzen diese wieder.

Nr.1 Calcium fluoratum D12 Für Bindegewebe, Gelenke und Haut.	• Chronische Kehlkopfentzündung • Arthrose • Muskelhartspann • Hautpilzerkrankungen
Nr. 2 Calcium phosphoricum D6 Für Knochen und Zähne.	• Erschöpfung • Zahnwechsel • Knochenbrüche • Muskelkrämpfe • Nervenschmerzen
Nr. 3 Ferrum phosphoricum D12 Für das Immunsystem.	• Alle Entzündungen • Fieber • Verletzungen • Blutungen
Nr. 4 Kalium chloratum D6 Für die Schleimhäute.	• Bei allen Entzündungen – als Folgemittel von Ferrum phosphoricum

Nr. 5 Kalium phosphoricum D6 Für Nerven und Psyche.	• Allgemeine Schwäche •Nervöse Durchfälle • Blähungen • Übersäuerungsprozesse •Kreisrunder Haarausfall
Nr. 6 Kalium sulfuricum D6 Für die Entgiftung.	• Bei allen chronischen Entzündungen/Erkrankungen
Nr. 7 Magnesium phosphoricum D6 Gegen Krämpfe und Schmerzen.	• Erkrankungen mit Schmerzen • Krampfartige Beschwerden • Übelkeit und Erbrechen • Durchfall
Nr. 8 Natrium chloratum D6 Für den Flüssigkeitshaushalt.	• Allgemeiner Kräfteverfall • Trockene Verstopfung • Gelenkbeschwerden • Insektenstiche
Nr. 9 Natrium phosphoricum D6 Für den Stoffwechsel.	• Alle körperlichen Störungen mit Säureproblemen • Mandelentzündung • Blasen- und Harnleiterentzündung
Nr. 10 Natrium sulfuricum D6 Für die Ausscheidung.	• Wasseransammlungen im Körper • Bronchitis • Gelbgrüner Durchfall • Unwillkürlicher Harnabgang • Warzen
Nr. 11 Silicea D12 Für Haut, Fell und Bindegewebe.	• Abwehrschwäche • Eiterungsprozesse •Wundheilungsstörung • Brüchiges, stumpfes Fell •Hauteiterungen
Nr. 12 Calcium sulfuricum D6 Für die Gelenke.	• Bei allen chronisch eitrigen Entzündungen • Stoffwechselträgheit

Service

▷ Glossar

Abszess: Ansammlung von Eiter in einem allseitig abgeschlossenen Gewebshohlraum.

Anus: After.

Allergie: Angeborene oder erworbene spezifische Änderung der Reaktionsfähigkeit des Abwehrsystems gegenüber körperfremden, eigentlich unschädlichen Substanzen.

Arthritis: Gelenkentzündung. Diese kann sowohl an den großen (z.B. Hüfte) als auch an den kleinen Gelenken (z.B. Mittelfußknochen) auftreten. Wenn fünf oder mehr Gelenke gleichzeitig betroffen sind spricht man von einer Polyarthritis.

Arthrose: Degenerative Gelenkerkrankung, z.B. Hüftgelenksdysplasie.

Asthma: Anfallsweise auftretende hochgradige Atemnot.

Atrophie: Rückbildung von Gewebe oder eines Organs.

Bronchien: Stammartiges Gebilde, welches sich feiner und dünner werdend verästelt, um so die Atemluft zu den Lungen, Lungenlappen und Lungenbläschen zu transportieren. Nach dem Gasaustausch (Sauerstoff – Kohlendioxid) gelangt die Atemluft zum Ausatmen auf dem gleichen Weg zurück.

Bronchitis: Entzündung der Bronchialschleimhaut, durch verschiedene Reize ausgelöst, z.B. infektiös oder allergisch. Betroffen sind überwiegend die größeren Bronchien.

Chronisch: Langsam entwickelnde oder verlaufende Erkrankung über einen längeren Zeitraum. Somit haben chronische Krankheiten, im Gegensatz zu akuten Erkrankungen, keinen klar bestimmbaren Ausgangspunkt.

Degenerativ: Durch Verschleiß bedingte, gekennzeichnete oder angeborene (übertragene) Funktionsminderung.

Diffus: Nicht klar umschrieben oder lokal begrenzt.

Druckschmerz: Druckschmerzen können durch den Untersucher oder den Patienten selbst ausgelöst werden. Sie weisen auf eine erhöhte Schmerzempfindlichkeit des betroffenen Gewebes hin, die zum Beispiel durch eine akute oder chronische Entzündung bedingt sein kann. In der Medizin wird damit ein lokaler Schmerz beschrieben, der bei der Palpation (Untersuchung des Körpers durch Abtasten) einer bestimmten Körperstelle auftritt. Die Eigenschaft einer Körperstruktur bzw. eines Gewebes Druckschmerz auszusenden, wird Druckdolenz genannt.

Dysplasie: Missgestaltung, Fehlbildung oder Fehlentwicklung eines Gewebes oder Organs, z.B. Hüftgelenksdysplasie.

Ekzem: Sammelbegriff für entzündliche Veränderungen der Haut.

Enzyme: Enzyme sind ihrer chemischen Natur nach Proteine. Als biochemische Katalysatoren helfen sie einen Stoff zu spalten oder anderweitig zu verändern.
Epilepsie: Sammelbezeichnung für eine Gruppe von Funktionsstörungen des Gehirns. Eine Epilepsie liegt vor, wenn bei einem Patienten mindestens zwei Krampfanfälle spontan aufgetreten sind, die nicht durch eine vorausgegangene erkennbare Ursache ausgelöst wurden.
Fibrin: Hochmolekulares, nicht wasserlösliches Protein, das bei der Blutgerinnung durch enzymatische Einwirkung entsteht und das Endprodukt der Blutgerinnung darstellt.
Fibrinös: Bedeutet „unter Bildung von ..." bzw. „durch eine Fibrinbildung gekennzeichnet".
Fistel: Bezeichnet eine krankhafte rohrförmige Verbindung zwischen zwei Hohlorganen (z.B. Herz) oder zwischen einem Organ und der Körperoberfläche.
Flechte: Umgangssprachliche Bezeichnung für verschiedene Hauterkrankungen.
Fraktur: Knochenbruch.
Furunkel: Eitrige Entzündung eines Haarfollikels und des ihn umgebenden unter der Haut liegenden Gewebes. Der Furunkel ist eine Form des Abszesses.
Genese: Medizinischer Fachausdruck für „Entstehung" bzw. „Ursache".
Hitze, stille: Bezeichnet die Läufigkeit bei Hündinnen, jedoch ohne Blutung.
Homöopathie: Medikamentöses Wirkprinzip, das Krankheitserscheinungen nicht durch die äußerliche Zufuhr direkt gegen die Symptome gerichteter Arzneimittel behandelt (Allopathie), sondern Substanzen einsetzt, die den Krankheitsverlauf ähnliche Symptome verursacht.
Hypersexualität: Heftigem Drang nach sexueller Betätigung und Befriedigung.
Immunstärkung: Steigerung, Stärkung der körpereigenen Abwehrkräfte.
Ischialgie: Sammelbezeichnung für Schmerzzustände im Versorgungsbereich des *Nervus ischiadicus*, die meist durch eine Reizung der Nervenwurzeln bedingt sind. Bei gleichzeitig bestehenden Schmerzen im Bereich der Lendenwirbelsäule spricht man von einer Lumboischialgie. Der Übergang zwischen diesen beiden Symptomkomplexen ist fließend.
Libido: Allgemeine Bezeichnung für den Sexualtrieb.
Kolik: Krampfartige Leibschmerzen mit unterschiedlichen möglichen Ursachen.
Mitochondrien: Energielieferant bzw. „Kraftwerk" einer Zelle.
Muskelhartspann: Auch Myogelose genannt, bezeichnet eine knoten- oder wulstförmige Verhärtung der

Muskulatur mit Druck- oder auch oft Spontanschmerz.

Neuralgie: Damit wird ein Schmerz im Versorgungsgebiet eines Nerven bezeichnet, welcher als ziehend, reißend wahrgenommen wird. Als Ursache können Druck oder Dehnung der betroffenen Nerven infrage kommen

Ödem: Austritt von Flüssigkeit aus dem Gefäßsystem und deren Ansammlung. Im klinischen Alltag bezeichnet der Begriff Ödem vor allem als Schwellung des Gewebes wahrnehmbare Flüssigkeitsansammlungen in der Unterhaut oder eine Flüssigkeitsansammlungen in bestimmten Organen, z.B. Lungenödem.

Pankreas: Medizinischer Begriff für die Bauchspeicheldrüse.

Protein: Bezeichnet kleinste Eiweißbausteine, die sogenannten Aminosäuren. Man differenziert Proteine nach dem Vorkommen, molekularer Modifikationen oder nach ihrer Funktion. Proteine sind Moleküle, welche in ihrer Grundsubstanz aus Kohlenstoff, Wasserstoff, Sauerstoff, Stickstoff und Schwefel bestehen.

Rheumatisch: Bedeutet „das Rheuma betreffend", wodurch Beschwerden am Stütz- und Bewegungsapparat mit fließenden, reißenden und ziehenden Schmerzen bezeichnet werden, die oft mit funktioneller Einschränkung einhergehen. Die medizinisch korrekte Bezeichnung für Rheuma ist „Krankheiten des rheumatischen Formenkreises".

Spastische Lähmung: Der Begriff „spastisch" kennzeichnet einen krampfartigen Zustand. Die spastische Lähmung ist somit eine Lähmung, welche durch einen Krampf hervorgerufen wird.

Stagnierend: Stauung, Stockung, zum Stehen bringend.

Stoffwechselendprodukte: Der Stoffwechsel ist die Gesamtheit der chemischen Reaktionen des Organismus, die an Abbau und Umwandlung von aufgenommenen Stoffen (z.B. Nahrungsmittel) sowie Auf-, Um- und Abbau körpereigener Substanzen beteiligt sind. Die daraus resultierenden Substanzen werden als Stoffwechselendprodukte bezeichnet.

Symptome: Beschwerden, fassbare Krankheitszeichen.

Toxin: Toxine sind Substanzen organischen Ursprungs, die Organismen schädigen, indem sie die natürlichen Vorgänge im Stoffwechselablauf stören. Sie stellen damit eine Teilmenge der Gifte dar, die zu akuten oder chronischen Vergiftungen oder anderen Krankheitsbildern führen.

Unspezifisches Abwehrsystem: Das Abwehrsystem ist ein biologischer Organismus, der gegenüber fremden Substanzen oder Lebewesen agiert. Das unspezifische Abwehrsystem, zu dem u.a. die sogenannten „Fresszellen“ gehören, geht allgemein gegenüber fremden Substanzen vor. Im Gegensatz dazu neutralisiert das spezifische Abwehrsystem mit seinen Antikörpern nur bestimmte, vom Körper als fremd erkannte Substanzen.

Urämische Symptome: Als Urämie wird eine Harnvergiftung durch Anhäufung harnpflichtiger Stoffe im Blut bezeichnet und umfasst alle, durch eine fortgeschrittene Niereninsuffizienz (Unterfunktion/Versagen der Nieren) verursachten Symptomen.

▷ Bezugsquellen

Schüßler-Salze erhalten Sie in Ihrer Apotheke oder beziehen sie über das Internet.

- ▷ Orthim-Schüßler-Salze
  www.omp-apotheke.de
- ▷ Pflüger Biochemie
  www.pflueger.de
- ▷ Deutsche Homöopathie Union Karlsruhe
  www.dhu.de
- ▷ Dr. Schüßlersalz B'Iosono
  www.biosono24.de
- ▷ Senagold Schüßler Salze
  www.senagold.de
- ▷ JSO Bicomplex
  www.iso-arzneimittel.de

▷ Zum Weiterlesen

Becvar, Wolfgang (1994): Naturheilkunde für Hunde. Kosmos Verlag, Stuttgart

Laukner, Anna (2006): Hunde füttern. Einfach – lecker – gesund. Verlag Eugen Ulmer, Stuttgart

Misol, Vera und Gabi Franz (2008): Homöopathie für Hunde. Verlag Eugen Ulmer, Stuttgart

Münchberg, Angela (2003): Hunde homöopathisch selbst behandeln. Cadmos Verlag, Schwarzenbek

Münchberg, Angela (2005): Kräuterbuch für Hunde. Cadmos Verlag, Schwarzenbek

Quinten, Doris (2011): Kranker Hund – was tun? Verlag Eugen Ulmer, Stuttgart

Schleimer, Jochen (1997): Salze des Lebens. Sonntag Verlag, Stuttgart

Stein, Petra (1997): Naturheilpraxis Hund. Gräfe und Unzer Verlag, München

vom Stein, Sabine und Franz Viktor Salomon (2011): Hundekrankheiten. Wie der Tierarzt helfen kann. Verlag Eugen Ulmer, Stuttgart

Register

Register der Schüßler-Salze

Stichwortregister

In diesem Buch sind die Namen von Medikamenten, die zugleich eingetragene Warenzeichen sind, als solche nicht besonders kenntlich gemacht. Es kann also aus der Bezeichnung der Ware mit dem für diese eingetragenen Warenzeichen nicht geschlossen werden, dass die Bezeichnung ein freier Warenname ist.
Die Markennamen wurden nur beispielhaft aufgeführt. Hinsichtlich der in diesem Buch angegebenen Dosierungen von Medikamenten usw. wurde die größtmögliche Sorgfalt beachtet. Gleichwohl werden die Leser aufgefordert, die entsprechenden Beipackzettel der Hersteller zur Kontrolle heranzuziehen.
Die beispielhafte Auflistung von Medikamenten bzw. Wirkstoffen ist kein Beweis dafür, dass diese in Deutschland zugelassen sind. Der behandelnde Tierarzt ist aufgefordert, die jeweilige (Zulassungs-)Situation zu überprüfen.
Die in diesem Buch enthaltenen Empfehlungen und Angaben sind von der Autorin mit größter Sorgfalt zusammengestellt und geprüft worden. Eine Garantie für die Richtigkeit der Angaben kann aber nicht gegeben werden. Autorin und Verlag übernehmen keinerlei Haftung für Schäden und Unfälle.
Der Verlag Eugen Ulmer ist nicht verantwortlich für die Inhalte der im Buch genannten Links.

Titelfoto: iStockphoto/Ruth Ann Johnston

Bibliografische Information der Deutschen Nationalbibliothek
Die Deutsche Nationalbibliothek verzeichnet diese Publikation in der Deutschen Nationalbibliografie; detaillierte bibliografische Daten sind im Internet über http://dnb.d-nb.de abrufbar.

Wollgrasweg 41, 70599 Stuttgart (Hohenheim)
E-Mail: info@ulmer.de
Internet: www.ulmer.de
Lektorat: Gabi Franz, Kathrin Gutmann
Herstellung: Ulla Stammel
Umschlagentwurf: Freiraum K, Karen Neumeister, Stuttgart
Satz: DOPPELPUNKT, Stuttgart
Druck und Bindung: Freiburger Graphische Betriebe, Freiburg
Printed in Germany

ISBN 978-3-8001-7579-6

Homöopathie in der Tiermedizin

- **Über 20 konkrete Fallbeispiele anschaulich erläutert**
- **Behandlung von akuten, chronischen und schweren Erkrankungen sowie Verhaltensstörungen**
- **Verzeichnis mit allen Fachbegriffen und gängigen homöopathischen Mitteln**

In diesem Buch finden Sie das Wichtigste über die Homöopathie und ihre praktische Anwendung in der Tiermedizin. Von der Erstanamnese über die Repertorisation bis zur Verlaufsbeobachtung sind alle wichtigen Stationen anhand von Fallbeispielen beschrieben. Zusätzlich werden auch homöopathische Kombinationstherapien und ein sinnvolles Arbeiten zusammen mit der Schulmedizin vorgestellt.

Homöopathie bei Tieren.
An 20 Fallbeispielen erklärt. Sarah Renner. 2008.
96 S., kart. ISBN 978-3-8001-5635-1.

Ulmer **www.ulmer.de**